爱心家肴 美味新生活

百吃不厌的
美味沙拉

主编〇张云甫　　编写〇瑞雅　美食生活工作室

U0219248

青岛出版社
QINGDAO PUBLISHING HOUSE

前言
PREFACE

用爱做好菜 用心烹佳肴

不忘初心，继续前行。

将时间拨回到 2002 年，青岛出版社"爱心家肴"品牌悄然面世。

在编辑团队的精心打造下，一套采用铜版纸、四色彩印、内容丰富实用的美食书被推向了市场。宛如一枚石子投入了平静的湖面，从一开始激起层层涟漪，到"蝴蝶效应"般兴起惊天骇浪，青岛出版社在美食出版领域的"江湖地位"迅速确立。随着现象级畅销书《新编家常菜谱》在全国摧枯拉朽般热销，青版图书引领美食出版全面进入彩色印刷时代。

市场的积极反馈让我们备受鼓舞，让我们也更加坚定了贴近读者、做读者最想要的美食图书的信念。为读者奉献兼具实用性、欣赏性的图书，成为我们不懈的追求。

时间来到 2017 年，"爱心家肴"品牌迎来了第十五个年头，"爱心家肴"的内涵和外延也在时光的砥砺中，愈加成熟，愈加壮大。

一方面，"爱心家肴"系列保持着一如既往的高品质；另一方面，在内容、版式上也越来越"接地气"。在内容上，更加注重健康实用；在版式上，努力做到时尚大方；在图片上，要求精益求精；在表述上，更倾向于分步详解、化繁为简，让读者快速上手、步步进阶，缩短您与幸福的距离。

2017 年，凝结着我们更多期盼与梦想的"爱心家肴"新鲜出炉了，希望能给您的生活带来温暖和幸福。

2017 版的"爱心家肴"系列，共 20 个品种，分为"好吃易做家常菜""美味新生活""越吃越有味"三个小单元。按菜式、食材等不同维度进行归类，收录的菜品款款色香味俱全，让人有马上动手试一试的冲动。各种烹饪技法一应俱全，能满足全家人对各种口味的需求。

书中绝大部分菜品都配有 3~12 张步骤图演示，便于您一步一步动手实践。另外，部分菜品配有精致的二维码视频，真正做到好吃不难做。通过这些图文并茂的佳肴，我们想传递一种理念，那就是自己做的美味吃起来更放心，在家里吃到的菜肴让人感觉更温馨。

爱心家肴，用爱做好菜，用心烹佳肴。

由于时间仓促，书中难免存在错讹之处，还请广大读者批评指正。

美食生活工作室

2017 年 12 月于青岛

第三章 水果沙拉

第四章
肉类
沙拉

本书经典菜肴的视频二维码

日式土豆沙拉
（图文见 73 页）

紫薯百合酿桂花
（图文见 98 页）

鲜果云吞盒
（图文见 109 页）

蛋网鲜虾卷
（图文见 159 页）

第一章

沙拉 制作小百科

　　沙拉作为西餐中常见的一类菜式，简单、美味，易于制作；食材不限，酱汁不限，自由搭配，并且富含多种维生素和矿物质。怎样搭配才能做出好吃的沙拉？即使你毫无做菜经验，只要跟着本章的指导，就可以在家亲手搞定一道美味无比的沙拉。

爱上沙拉，不只因简单

开胃爽口、颜色鲜艳的沙拉本身就是餐桌上的一道风景。因此，人们一年四季均适宜吃些爽口的沙拉。

以健康的名义选择沙拉

现代营养学的研究证明，生吃蔬菜能极大限度地保存食材里的营养。因为蔬菜中一些营养成分在加热超过55℃时，内部结构就会发生变化，使其丧失原有的保健功能。如蔬菜中所含的维生素C、B族维生素，很容易受到加工及烹调的破坏，而生吃和凉拌则有利于营养成分的保存与吸收。

另外，蔬菜中还含有一种免疫物质——干扰素诱生剂，具有抑制人体细胞癌变和抗病毒感染的作用。但这种物质不耐高温，只有生食蔬菜才能发挥其作用。所以，日常生活中，干净卫生且能生吃的蔬菜，最好生吃，这样才能尽量减少营养的损失。与煎、炒、炸等烹饪方式相比，沙拉少油腻，清淡爽口，能提高人的食欲，开胃下饭。

吃沙拉更合乎四季自然规律

沙拉的取材和食用方式更接近食材的天然属性，且其中的许多营养成分能被人体更完整地吸收。相比于热菜，沙拉所含热量相对较低，瘦身美容的功效更加突出。

沙拉多数生食或仅经过氽烫，因此首选新鲜材料，若能选择当季盛产的有机蔬菜更佳。所选蔬菜的页面和根部中常附着沙石、虫卵，因此，做沙拉前一定要仔细冲洗干净。

现代人工作节奏都很快，常常没有多少时间做饭，而沙拉的做法简单，既省时又营养丰富，非常适宜忙碌的上班族制作。

 制作沙拉的食材之蔬菜

新手学做沙拉，应先从食材的选购开始。下面介绍几种常用的食材，教大家如何选购、处理食材。选购食材可是做好沙拉的基础哦！

菠菜的选购及预处理

⊙ 食材选购

选购菠菜宜选叶片呈深绿色，茎较短，根部呈鲜艳的深粉红色，切口新鲜，不着水，茎叶不老，无抽薹、开花，不带黄叶、烂叶者。

⊙ 预处理

菠菜中含有的大量草酸，会阻碍人体对钙的吸收。因此，在烹饪菠菜时，应注意：

① 摘除杂叶，冲洗干净。
② 放入烧开的水中略烫一下。

西蓝花的选购及预处理

⊙ 食材选购

新鲜的西蓝花颜色浓绿鲜亮，花球表面无凹凸，整体有隆起感，切口湿润，花蕾紧密结实。

⊙ 预处理

① 将西蓝花冲洗干净。
② 将整朵掰开成小块。
③ 放入加了少许盐的清水中浸泡片刻即可。

生菜的选购及预处理

➜ 食材选购

　　球形生菜:先看生菜的颜色,青绿色的较好,不要选发白的;然后看茎部,呈干净的白色说明比较新鲜,叶片较脆,叶面光泽诱人。在叶面有断口或褶皱的地方,不新鲜的生菜会因为空气氧化的作用而变得好像生了锈斑一样,而新鲜的生菜则不然。

　　叶状生菜:挑选时要看生菜的叶子,应挑选叶片肥厚适中、叶绿梗白、叶质鲜嫩,无蔫叶、干叶,无虫害、病斑、药斑,大小适中的为好。特别要提醒的是,扒开生菜的根部,如果发现中间有突起的菜薹,说明生菜老了,最好不要选购。

➜ 预处理

　　生菜以生吃为主,所以一定要注意清洗干净,同时要多泡洗,以减少农药残留。

　　① 去掉生菜外面发黄、发蔫的叶片,切掉根部颜色深的地方。

　　② 用流动的水冲洗,然后放在清水中浸泡一会儿,沥干水即可。

苦菊的选购及预处理

➜ 食材选购

　　选购苦菊时应挑选水分饱满,叶面鲜嫩、株形整齐、无枯叶、无病叶、无老根,菜芯部呈鹅黄色或嫩黄色,根茎部呈白色的苦菊。如果叶子颜色呈青色,说明口感会老一些;如果叶片发蔫,则说明不新鲜了。

➜ 预处理

　　① 将苦菊切掉老根,枝叶掰散。

　　② 用流动的水中洗去泥沙,可多冲洗几遍。

　　③ 沥干或者甩干水即可。

芹菜的选购及预处理

◉食材选购

优质芹菜新鲜、松脆、清洁，长短适中，肉厚质密，且菜心结构完好，分枝脆嫩易折。如果芹菜的嫩枝和新叶出现黑色或棕色斑点，则可能已遭受过病虫害，不宜购买。

◉预处理

① 芹菜洗净，择下叶片。
② 撕去芹菜梗表面的粗丝。
③ 处理好的样子。

西红柿的选购及预处理

◉食材选购

在选购西红柿时，应挑选新鲜色红、无硬斑、无蒂结、果肉饱满，每只重量在80克以上的。

◉预处理

① 西红柿冲洗干净。
② 放入烧开的水中略烫一下。
③ 取出放凉，即可轻松地将皮剥去。

黄瓜的选购及预处理

➡ 食材选购

刺黄瓜，一般5月上市，风味品质最佳。表皮呈绿色，表面有突起的纵棱和果瘤，瓜条呈棒型，瓜把稍细，皮薄，瓤小，籽少，肉脆而清香。秋黄瓜，一般秋末上市，品质较佳。表皮呈深绿色，棒状，有光泽，肉厚，脆嫩，瓤小，水分多。鞭黄瓜，一般8月上市，品质稍次。表皮较厚，呈浅绿色，表面无毛刺或毛刺很少，瓜条形似鞭子，瓤较大，肉质松软。

➡ 预处理

① 黄瓜洗净，带刺的黄瓜要用刷子刷洗。

② 加少许盐，用清水浸泡。

苦瓜的选购及预处理

➡ 食材选购

选购苦瓜时要挑选果瘤大、果形直立、洁白美观的。如果苦瓜出现黄化现象，表明已过熟，此时的苦瓜果肉柔软、不够脆，已失去应有的口感。

➡ 预处理

① 苦瓜用刷子刷洗净。

② 顺长剖开，挖去内瓤。

③ 处理好的样子。

制作沙拉的食材之水果

在制作沙拉时，我们经常用到的另一种食材就是水果。处理好的水果整齐、美观，能为沙拉增色不少。

草莓的处理方法

① 将草莓洗净擦干，切去硬蒂。

② 沿其纵向切成5毫米厚的均匀薄片。

芒果的处理方法

① 将芒果洗净，切去两端外皮。如右图竖起来切，下面有个平面作为支撑，使其稳定；从上面下刀的时候也容易切进去。芒果核形状扁平，切的时候只有顺着它的方向，才能把果核两侧比较大的果肉切下来。

② 一只手扶住果肉，另外一只手用刀在果肉上沿着垂直和水平方向每隔1.5厘米各划一刀，深度以切断果肉但不切破芒果皮为准。

③ 双手捏住芒果皮向外一翻，芒果肉就彼此分离开来。随后，用刀将芒果丁一个个从外皮上切下来即可。

芒果外皮比较坚韧，果肉中含有丰富的纤维，故而想切成漂亮的方块并不容易，需要一些刀功和技巧。

猕猴桃的处理方法

① 将猕猴桃洗净，用刀切去两端的硬皮，然后刨去其他部分的外皮。

② 将去皮后的猕猴桃切成5毫米厚的薄片。

金色猕猴桃和绿色猕猴桃外观类似，处理办法相同。

蜜露瓜的处理方法

① 将蜜露瓜冲洗干净，用刀切去两端的硬皮，使其可以立稳。

② 一只手扶住蜜露瓜，一只手用刀纵向将其剖开。

③ 用不锈钢勺挖出内瓤。

④ 用球形刀在蜜露瓜的断面上挖出小球。注意，只在果肉断面上挖，不要在其他地方挖，以免破坏蜜露瓜球的完整性。

⑤ 一层断面挖完后，用刀将其切掉，在新的断面上接着用球形刀挖。这种方法利用果肉的效率最高，且可以确保挖出来的每个小球形状完整。

制作水果沙拉的诀窍

这里介绍的十个诀窍可以让你把一盘水果沙拉做得美貌与美味兼备，养心养神又养颜。

⊙ 诀窍一

选用当季水果。水果保鲜技术的发展一日千里，但遗憾的是，这个"鲜"只是外表光鲜而已，"金玉其外，败絮其中"的水果早已成为大小超市里见怪不怪的常态。避免扫兴的直接办法就是购买当地产的当季水果。

⊙ 诀窍二

选用成熟度一致的水果，没人喜欢口感酸涩的硬邦邦的水果。最好选用已经熟透的，口感较软，但吃起来还有一点脆的水果。

⊙ 诀窍三

选用不同颜色和口感的水果进行搭配。鲜明的颜色对比可以打造出充满喜悦的视觉效果，而不同的颜色往往对应不同的营养成分，有利于均衡饮食。不同口感的水果，如猕猴桃、芒果、苹果，可以让享用沙拉的过程充满惊喜。

⊙ 诀窍四

切记去皮、去核，把水果处理得干净、漂亮。

⊙ 诀窍五

切成大小相等的块，一口一个最为畅快，也最为优雅。

⊙ 诀窍六

每种水果用量应该大致相当。这个量指的是重量或体积，可不是一只西瓜配一颗蓝莓哦。

⊙ 诀窍七

柠檬汁在水果沙拉中的作用相当于盐在蔬菜沙拉里的作用。跟大家的直觉相反，柠檬汁不会让水果变酸，反而能够让酸涩的口感变得更为柔和。

⊙ 诀窍八

适当加些薄荷叶，不仅起到装饰的作用，而且薄荷的清香还可以大大提升水果沙拉的风味。

⊙ 诀窍九

偶尔买到一些比较生的水果时，撒些糖可以中和其中的酸涩，还能起到软化其果肉的作用。

⊙ 诀窍十

酸奶是水果沙拉的最佳拍档。二者混合后，口感绝佳。

4 制作沙拉时常用的调味料

下面简单介绍一些常见的沙拉调味料。只要合理使用，就能产生意想不到的美妙口感。

基础调味品

◉ 橄榄

橄榄分成绿橄榄和黑橄榄两种，也有加入西红柿、杏仁或蒜头的制品，是一种极香且带有咸味的食材，常切片后放入沙拉中调味。

◉ 帕玛森奶酪粉

帕玛森奶酪是最常见的奶酪，外形为轮胎式的扁圆柱状，通常被磨成粗粒使用，适用于披萨、意大利面、沙拉、浓汤或酱汁。

◉ 橄榄油

冷榨橄榄油具有低酸度、香味独特等特性，可以作为沙拉蘸酱，提升新鲜的口感，加入意大利面料理、各种炒菜及凉拌菜肴中也非常合适。

◉ 酒醋

以葡萄汁为基底发酵的醋。红葡萄酒醋具有浓郁的香气，主要用于点心或酱料制作；白葡萄酒醋口感清爽，多用在全素料理或鱼类料理中。

◉ 百里香

有强烈的香味，加入火腿、香肠、鹅肉等料理中可以减少肉类的腥味，加入奶酪或西红柿料理中也别具风味。百里香味道比较刺激，还可以用于炖菜、煮汤和烤肉中调味。

◉ 迷迭香

散发出淡淡苹果香的香草，可以作为肉类、海鲜、鸡蛋、布丁、醋的调味，也可在包饭团时加入一两片迷迭香叶，更显美味。其味道辛辣、微苦，常被用在小羊排等肉食的制作中。

◉ 罗勒

香气极佳，世界各地都有种植。薄荷科的罗勒与丁香味道相似，带有甜而刺激的香气，常作为料理中的香料使用。在西红柿类料理中，罗勒更是不可或缺的香料。

橄榄

帕玛森奶酪粉

橄榄油

酒醋

百里香

迷迭香　　　　　罗勒

凯撒沙拉酱

凯撒沙拉酱是以蛋黄酱为基础，通常再加上芥末、大蒜、黑胡椒、奶酪等制作而成，是凯撒沙拉必不可少的调味酱汁，有很浓的奶酪味，微咸，口感醇厚。凯撒沙拉酱也有市售成品，但味道都不及自己动手制作的口感新鲜。

➡原料	
油浸鳀鱼	3片
大蒜	1/2瓣
英国辣酱油	1/2小匙
蛋黄酱	50克
柠檬汁	10克
现磨黑胡椒	1/8小匙
帕尔马芝士	5克

⬤ 步骤

① 凯撒沙拉酱一个重要风味来源是油浸鳀鱼。取3片鱼肉，用刀细细切碎。

② 凯撒沙拉酱一定离不开大蒜。传统的做法是在一个很大的木质沙拉盆里用叉子将蒜瓣压碎，但这样做出来的蒜泥难免有些较大的颗粒。一个比较好的解决办法就是用比较细的刨子把蒜磨成蒜泥。

③ 在蒜泥中加入盐，细研几下，让大蒜的风味进一步释放出来。

④ 加入切碎的鳀鱼，继续研磨2分钟，使两者的风味充分融合。

⑤ 在研钵中加入英国辣酱油，混合均匀。

⑥ 传统凯撒沙拉酱会用到生鸡蛋，利用蛋黄和蛋白打造一种丰满浓郁的口感。然而，生鸡蛋外壳会受到沙门氏菌的污染。为了避免这种风险，可以直接使用蛋黄酱取而代之。注意不要使用日式蛋黄酱，因为二者口感和风味都有不小的差异。把蛋黄酱放入研钵内，与蒜泥和鳀鱼均匀混合。

⑦ 蛋黄酱脂肪含量较高，难免有些腻，而柠檬是此处最好的中和食材。在研钵中挤入柠檬汁，然后撒上黑胡椒和帕尔马芝士，混合均匀。至此，凯撒沙拉酱就完成了。

⬤ 制作要点

1. 鳀鱼类似凤尾鱼，腌渍之后浸泡在油中，风味独特，是许多西餐中必不可少的食材。

2. 大蒜可以根据个人喜好适当增减。一般来说，1/2瓣大蒜做出来的沙拉酱口味比较均衡。如果特别喜欢蒜的味道，多加一些也无妨。

3. 若没有英国辣椒油，可以用上海辣酱油或日式乌酢代替，风味几乎一样。

4. 帕尔马芝士比较咸，口味也比较冲，如果不习惯可以用味道更为平和的车打芝士代替。

油醋汁

油醋汁（Vinaigrette）是一种经典的法式调味汁，选择搭配精细，创造出了一种清爽提神的味觉体验，让平淡无奇的绿叶蔬菜在口中迸发出令人难以抗拒的魅力。

原料

初榨橄榄油	30克
柠檬汁	10克
芥末酱	10克
盐	1/8小匙
现磨黑胡椒	1/8小匙

步骤

① 将制作油醋汁的所有原料准备好。

② 取一只玻璃碗，加入30克初榨橄榄油，再加入10克柠檬汁，混合均匀。

③ 在碗中加入盐和黑胡椒各1/8小匙。

④ 最后，加入10克芥末酱，用叉子不停搅拌，直至所有原料均匀混合后，油醋汁就制作好了。

制作要点

油醋汁中的酸性成分也可以选择苹果醋，或红酒醋、白酒醋，而柠檬汁是最常用的酸性成分之一。

芥末酱还可以用比较辣的英式芥末酱（English Mustard）和比较清淡的第戎芥末酱（Dijon Mustard）来替代，或者将两者混合后使用。

蛋黄酱

蛋黄酱的主要成分是蛋黄和色拉油。色拉油是经过精炼的植物油，除去了其中的异味，且在低温下不容易凝结。

➡原料

鸡蛋	2个
法国芥末	10克
柠檬汁	15克
白醋	10克
白糖	25克
盐	25克
色拉油	2500克

➡步骤

① 将鸡蛋中的蛋黄取出来，放入圆形的容器中，加入法国芥末、白醋。

② 用打蛋器匀速向一个方向抽打，直至混合均匀。

③ 待蛋液达到一定黏稠度时，均匀慢速地加入色拉油，混合均匀。

④ 放入柠檬汁、白糖和盐调味即可。

➡制作要点

1.在加入色拉油之前一定要把食材抽打到具有一定黏稠度。

2.抽打的方向和速度不可以随意变化，特别是方向要固定。

3.加色拉油时，动作一定要慢且均匀。

4.在储存时，只能保鲜，不可冷冻。

千岛酱

➡原料

蛋黄酱	1000克
洋葱	10克
大蒜	5克
鸡蛋	1个
青椒	15克
黑橄榄	8克
酸黄瓜	20克
番茄沙司	25克
番茄辣酱	15克
辣椒仔	8克
李派林酱油	5克
柠檬汁	5克
盐	适量

➡步骤

① 把鸡蛋煮熟放凉后去皮，取蛋白，切碎，备用。

② 把洋葱、大蒜去皮，洗净，切碎。青椒洗净，切碎。黑橄榄和酸黄瓜切碎，备用。

③ 把蛋黄酱放在容器中，加洋葱碎、大蒜碎、青椒碎、黑橄榄碎、酸黄瓜碎和鸡蛋碎。

④ 用打蛋器将上述食材搅拌均匀，放入番茄沙司、番茄辣酱、辣椒仔、李派林酱油、柠檬汁和盐调味。

⑤ 将所有材料顺着一个方向搅拌均匀即可。

5 制作沙拉的厨房小工具

如何让制作沙拉变得更简单？下面为大家介绍一些厨房常用的小工具，不仅新颖时尚，还非常实用，让下厨变得更加轻松！

⇒陶瓷刀

陶瓷刀是制作沙拉的小工具之一。它具有高耐磨性，省去了长期使用过程中反复磨刀的烦恼，被誉为"永不磨损型"刀具。该刀刀口极为锋利，切削肉类蔬果得心应手，处理食物不易粘连，能切出如纸一样薄的肉片，非常轻快省力，且不会卷刃。

用陶瓷刀切完葱蒜等刺激味食品，只需用清水冲洗，不会残留怪味，再切其他食品不会串味，因此特别适合做冷菜和熟食时使用，如处理生鱼片、果蔬沙拉、烤鸭、松花蛋、面包、香肠、土豆丝等，干净卫生。

⇒玻璃沙拉碗

玻璃沙拉碗是制作冷菜的必备工具，如制作蔬菜沙拉、水果沙拉。它既是制作工具又是食用的好盛器，是一款既美观又时尚的厨房必备品。

⇒可调节研磨瓶

研磨瓶的材质分为很多种，如木质、陶质、玻璃质品等。选择研磨器重在选择好的研磨刀头，调节旋钮操作更方便，刀口较快，研磨大的胡椒颗粒都很带劲儿。其次，玻璃瓶的可视性很强，特别是放入彩色胡椒粒后更是可爱至极，且易于清洁。

⇒磨泥器

这个小家伙，别看个头小，浑身是刺儿，但真心好用。不管是磨蒜泥，还是柠檬皮，凡是你想把它做成泥的都可以，特别适用于做沙拉，或是在冷菜上做点缀、调味用的小食材。

⇒陶瓷削皮刀

陶瓷削皮刀具有和陶瓷刀相同的优点，刀口锋利，易于清洁，不会生锈，造型小巧，使用顺手，且外观十分靓丽。

⇒刨丝刀

假如你喜欢在家做一些加奶酪碎的西式沙拉，那刨丝刀将是一个特别的好帮手。它会将你的奶酪刨成你想要的形状。

第二章

蔬菜 沙拉

　　蔬菜沙拉是最常见、最基础的沙拉，以生菜、苦菊等叶状蔬菜为主制成，常加有萝卜、黄瓜、西红柿等调节色彩，最后加入调味酱汁食用。本章教您轻松制作美味沙拉，方法是简单的，视觉效果是奇特的，味道更是美妙的。

华道夫沙拉

制作时间 25 分钟　难易度 ★★★

主料

西芹	100克
生核桃仁	50克
萝蔓生菜叶	10片
柠檬汁	5克
红苹果	1/2只
青苹果	1/2只
提子干	40克

调料

蜂蜜	5克
白糖	10克
卡宴辣椒粉	1/16小匙
葡萄籽油	25克
盐	10克
蛋黄酱	40克

要点提示

· 西芹务必选择比较鲜嫩的。嫩西芹的断面一般呈草绿色半透明状。如果西芹的断面呈现白色，就说明已经老了。

· 核桃仁经过烘烤，表面的糖分将全部化开且变金黄色，其原有的涩味消失殆尽，而淡淡的辣味给核桃仁增加了另一番别样的魅力口感。

做法

① 取一只小碗，放入核桃仁，加入蜂蜜，轻轻搅拌，使核桃仁的表面均匀裹上一层蜂蜜。随后撒白糖和辣椒粉，搅拌均匀。取一只烤盘，衬上烘焙纸，把核桃仁平铺在上面，放入预热至180℃的烤箱内烤6分钟。

② 用刨皮刀刨去西芹外侧的硬皮，使其更加轻盈爽脆，然后把西芹斜切成5毫米厚的薄片。取一只汤锅，加入水，大火煮开后加入葡萄籽油和盐，加西芹片，焯水3秒钟后迅速捞出，浸入冰水冷却，滤干水分，备用。

③ 在蛋黄酱中加入柠檬汁稀释，中和其略显厚腻的口感，制成沙拉酱，备用。生菜洗净，切成1厘米宽的条。

④ 将半只红苹果、半只青苹果分别切片。把生菜铺在盘子上，然后依次铺上西芹、苹果、核桃仁和提子干，配上沙拉酱即可。

· 因为苹果切开后会很快氧化，所以一定要在上桌之前再切。在切开的苹果上涂抹柠檬汁也可以减缓其氧化速度。

香芹茄子沙拉

制作时间 20 分钟 | 难易度 ★★

主料

长茄子	1个
香芹叶	适量

调料

辣椒末	1/2大匙
大蒜末	1大匙
橄榄油、香醋	各2大匙
香菜末	3大匙
盐、胡椒粉	各少许

做法

① 香芹叶洗净，切碎；准备好其他食材。

② 将长茄子切成1厘米厚的圆片，摆在烤盘上，放入烤箱中烤至微黄，取出。

③ 烤好的茄子放入碗内，加少许盐和胡椒粉调味。

④ 将茄子片加入碗中，放入香芹叶碎和辣椒末、大蒜末、橄榄油、香醋搅拌均匀，撒上香菜末，摆盘即可。

胡萝卜沙拉

制作时间
15 分钟

难易度
★ ★

主料

胡萝卜	半根
大蒜	4瓣
香菜	3根

调料

柠檬	1个
蜂蜜	1大匙
橄榄油	2大匙
盐、胡椒粉	各少许

做法

① 将柠檬去皮，榨出的汁和蜂蜜一起加入橄榄油中搅拌均匀，然后加盐、胡椒粉调味，制成酱汁，备用。

② 胡萝卜洗净，去皮，切成1厘米厚的圆形，放入沸水锅中汆烫片刻，捞出，放凉。

③ 香菜洗净，去根，切碎。

④ 将胡萝卜片、大蒜、香菜碎一起放入碗内，加入之前调好的酱汁，翻拌均匀，摆入盘内装饰即可。

要点提示

· 胡萝卜在汆烫过程中不宜时间过长，以免影响其应有的脆感。

芹菜玉米沙拉

主料

玉米罐头200克，洋葱半个，芹菜茎1根。

调料

红甜椒半个，洋葱末5大匙，白砂糖、柠檬汁各1大匙，橄榄油2大匙。

做法

① 将所有调料放在搅拌机中搅拌，制成酱汁，备用。

② 将洋葱和芹菜茎切成玉米粒般大小的块状，然后和玉米粒一起放入沙拉碗内，淋入酱汁，拌匀即可。

要点提示

· 如果喜欢芹菜味，也可将鲜嫩芹菜叶一同放入沙拉碗中。

香芹口蘑沙拉

主料

口蘑4个，小西红柿5个，香芹1根，蒜末、香菜各适量。

调料

胡椒粉、盐各适量，芥末沙拉酱1大匙。

做法

① 口蘑、小西红柿、香芹分别洗净，放入锅中煎至表面金黄；香芹切段，小西红柿对切，口蘑切片，备用。

② 将所有处理好的材料一同放入沙拉碗中，加酱料拌匀，装盘即可。

要点提示

· 香芹生吃就可以，如果不喜欢生吃，可以在沸水中焯熟后再吃。

大葱芹菜沙拉

制作时间
10 分钟

难易度
★

主料

大葱	3根
洋葱	1/3个
芹菜叶	少许
煮鸡蛋	1个

调料

咸味芝麻	1大匙
芥末	半小匙
芥末	1小匙
橄榄油	2大匙
盐、胡椒粉	各少许

做法

① 大葱切段，蒸熟，放凉后对半切开。

② 洋葱切丝，入凉水中浸泡；芹菜叶切碎；鸡蛋去壳，切丁。

③ 将所有处理好的材料放入碗内，淋入调料搅拌均匀。

④ 将大葱铺在盘底，倒入搅拌好的材料，装饰即可。

油醋汁穿心莲

制作时间
10 分钟

难易度
★

主料

穿心莲嫩叶	250克
小洋葱	2个

调料

黑胡椒碎	5克
白葡萄酒醋	15克
橄榄油	5克
盐	3克

做法

① 选鲜嫩的穿心莲嫩叶，洗净，与切成圈的小洋葱一同放在盛器中。

② 玻璃容器中加入黑胡椒碎。

③ 容器中再加入白葡萄酒醋。

④ 在玻璃容器中加入橄榄油，调入盐制成油醋汁后，淋在穿心莲嫩叶和小洋葱圈上，拌匀即可。

要点提示

· 黑胡椒可使原本有些青涩味道的穿心莲口感更显得柔和。

· 白葡萄酒醋颜色不会破坏菜品的鲜嫩颜色，每次用量不多但却提味。

杏仁红樱桃

制作时间 10分钟　难易度 ★

主料

鲜杏仁	50克
樱桃萝卜	10个

调料

柠檬	半个
糙米醋	1小匙
白砂糖	2小匙

做法

① 杏仁放入开水中煮5分钟后捞出，晾凉备用。

② 用刀背将樱桃萝卜轻轻击破，以便更好入味。

③ 在樱桃萝卜内挤入柠檬汁、糙米醋腌制，使其辛辣味进一步减少。

④ 腌好后的萝卜滗出水后，加入杏仁，白砂糖，拌匀即可。

胡萝卜牛蒡沙拉

制作时间
20分钟

难易度
★★

主料

牛蒡、胡萝卜	各半根
苦菊	少许

调料

蛋黄沙拉酱	1大匙
盐、米醋	各适量

做法

① 牛蒡用铁丝球擦去表面黑皮，用小刀像削铅笔一样切成大小均匀的片状，放入加了米醋的水中，浸泡10分钟。

② 将泡好的牛蒡放入沸水锅中汆烫5分钟，捞出沥水。

③ 苦菊洗净，用手撕成小朵；胡萝卜切细条，与牛蒡片一同装入沙拉碗中拌匀。

④ 将食材装盘，加入蛋黄沙拉酱、盐、米醋，翻拌均匀即可。

要点提示

· 牛蒡用醋水浸泡后能够有效去除苦涩口感，还能防止氧化。

胡萝卜米粉沙拉

制作时间
15 分钟

难易度
★★

主料

米粉、虾仁	各50克
胡萝卜、香葱	各适量

调料

泰式鱼露	2大匙
朝天椒末、柠檬汁	各少许
白砂糖	1小匙

做法

① 米粉用凉水浸泡10分钟后，放入沸水中煮熟，捞入凉水中过凉。

② 虾仁放入沸水锅中煮熟，胡萝卜切细丝，香葱切葱花。

③ 将所有原料一起装入沙拉碗中备用。

④ 将泰式鱼露、朝天椒末、白砂糖、柠檬汁一同加入沙拉碗中翻拌均匀，装盘即可。

要点提示

· 米粉一定要煮熟，煮到可以轻轻掐断即可。

甜萝卜土豆沙拉

制作时间
20分钟

难易度
★★

主料

甜萝卜、土豆	各1个
芝麻菜	适量

调料

鲜马苏里拉奶酪片	40克
橙汁	适量
香醋、蜂蜜	各1大匙
盐	少许

做法

① 将橙汁、香醋、蜂蜜一起搅拌均匀，加少许盐调味，制成酱汁。

② 将甜萝卜和土豆分别去皮，切薄片，放入蒸锅中蒸7分钟左右，取出放凉。

③ 芝麻菜洗净，用剪刀剪段，与甜萝卜片、奶酪片、土豆片一起放入碗内。

④ 淋入备好的酱汁，翻拌均匀，装盘即可。

要点提示

· 橙汁、香醋和蜂蜜混合搭配，增加了沙拉酸爽的口感。

甜萝卜洋葱沙拉

制作时间
30 分钟

难易度
★★★

主料

甜萝卜、紫洋葱	各半个
萝卜苗	1小把
核桃仁	适量
鳀鱼	2片

调料

大蒜末	1小匙
香醋、橄榄油	各适量

做法

① 将鳀鱼洗净，切碎，加入所有酱料混合均匀，制成酱汁，备用。

② 紫洋葱切丝；萝卜苗洗净，沥干。

③ 甜萝卜洗净切块，放入预热至200℃的烤箱中，上火180℃，下火150℃，烤25分钟。

④ 将核桃仁放锅中略翻炒，与甜萝卜块、紫洋葱丝、萝卜苗一起放入碗内，淋上酱汁，翻拌均匀，装盘即可。

要点提示

· 切丝后的洋葱可以在水中浸泡一会儿，能够去除部分辛辣味。

茄子洋葱沙拉

制作时间
20 分钟

难易度
★★

主料

长茄子、西红柿	各1个
洋葱、红甜椒	各1/3个
芹菜、面包	各适量

调料

芹菜末、紫苏末	各1大匙
苹果汁	300毫升
橄榄油、香醋	各2大匙
盐、胡椒粉	各少许

做法

① 将调料搅拌均匀，制成酱汁，备用。

② 长茄子洗净切片；西红柿洗净切块；洋葱、红甜椒、芹菜洗净，分别切条。

③ 将面包切成4等份，放入烤箱中烤至金黄后取出，备用。

④ 油锅烧热，放入切好的蔬菜翻炒片刻，淋入酱汁，拌匀装盘，搭配面包食用即可。

要点提示

· 烤制面包时，时间不宜过长，达到表面焦黄即可。

生菜土豆沙拉

制作时间
25 分钟

难易度
★★

主料

圆生菜	半棵
小西红柿	5个
土豆、鸡蛋	各1个

调料

芥末酱	1大匙
蛋黄酱	3大匙
原味酸奶	2大匙
蜂蜜	1小匙

做法

① 将所有调料放在一起搅拌均匀，制成酱汁。

② 鸡蛋煮熟、西红柿洗净，分别切块；洗好的圆生菜掰成小块。

③ 将去皮的土豆切块，放入加盐的沸水中煮20分钟。

④ 将上述食材一同放入碗内，淋入做好的酱汁，拌匀即可。

要点提示

· 土豆切块后水煮，一定要煮到熟透，用筷子可轻松插入即可。

洋葱面包沙拉

制作时间
15分钟

难易度
★★

主料

小西红柿	4个
紫苏叶	15片
紫洋葱	半个
面包	1片

调料

大蒜	3瓣
盐、胡椒粉、橄榄油	各少许

做法

① 面包对半切开，分成2份；小西红柿切成4份；紫洋葱去皮，切丝；紫苏叶切碎。

② 大蒜切碎，淋入橄榄油，搅拌均匀，加入盐、胡椒粉调成酱汁，备用。

③ 将小西红柿块、紫苏叶碎、紫洋葱丝放入碗内，淋上酱汁，翻拌均匀。

④ 将拌好的蔬菜沙拉均匀地放在切片面包上，装盘即可。

要点提示

· 酱汁制好后，可放入冰箱储存，以增加其清爽的口感。

胡萝卜洋葱沙拉

制作时间
20 分钟

难易度
★★

主料

小西红柿	4个
胡萝卜	1根
紫洋葱	1个
紫苏叶	10片

调料

橄榄油、香醋	各2大匙
蜂蜜、盐、胡椒粉	各少许

做法

① 将所有调料放入碗中搅拌均匀，备用。

② 小西红柿去蒂，对半切开；胡萝卜去皮，切厚圆片；紫洋葱切细丝；紫苏叶切碎。

③ 将小西红柿块、胡萝卜片、洋葱丝和紫苏叶碎放入碗内，淋入酱汁，搅拌均匀。

④ 所有原料腌渍10分钟，摆盘装饰即可。

要点提示

· 腌渍一定要到位，期间可翻拌两次，使其入味均匀。

鲜果菠菜沙拉

制作时间
10 分钟

难易度
★★

主料

菠菜	300克
小西红柿	150克
胡萝卜丝	20克
熟芝麻	30克

调料

沙拉酱	适量

做法

① 菠菜洗净，切段，放入沸水锅中焯一下，过凉攥干，备用；胡萝卜丝焯水，沥干。

② 小西红柿洗净，一切六瓣；菠菜与胡萝卜丝混合，放入盘内定型。

③ 在菠菜外圈摆上小西红柿。

④ 把沙拉酱挤在上面，均匀地撒上熟芝麻即可。

要点提示

· 菠菜焯水时间不要过长，下沸水锅中烫至变软后应立即捞出。

香芹糙米沙拉

制作时间
10 分钟

难易度
★★

主料

糙米饭	1碗
烤核桃仁	1大匙
小西红柿	2个
芹菜茎	1根
萝卜苗	适量

调料

糙米醋、橄榄油	各1大匙
盐、胡椒粉	各少许

做法

① 将所有调料混合，充分搅拌均匀，制成酱汁，备用。

② 萝卜苗洗净，剪碎；小西红柿去蒂，切丁；芹菜茎洗净，切小段；烤核桃仁切碎，与糙米饭一起放入碗内。

③ 在碗内淋入酱汁，用筷子搅拌至酱汁充分渗入饭粒中。

④ 将拌匀的沙拉盛出，装盘即可。

要点提示

· 做糙米饭时，不宜放水太多，尽量让其保持应有的劲道口感。

芹菜鸡蛋沙拉

制作时间
15 分钟

难易度
★★

主料

西红柿、鸡蛋	各1个
芹菜叶	适量
芹菜末、洋葱末	各5克
青椒末	5克

调料

橄榄油	2小匙
白砂糖、芥末酱	各1小匙
白酒醋	2大匙
盐	适量

做法

① 西红柿、芹菜叶、鸡蛋分别洗净，备用。

② 鸡蛋煮熟，去皮，与西红柿分别切片。

③ 将芹菜叶、西红柿片、鸡蛋片放入沙拉碗中，加入芹菜末、洋葱末、青椒末，备用。

④ 将所有调料倒入碗中拌匀，同时保证鸡蛋片完整，摆盘即可。

要点提示

· 煮熟的鸡蛋切片后极易破碎，在翻拌时要格外小心。

生姜蔬菜沙拉

制作时间
10 分钟

难易度
★

主料

圆生菜	半个
牛皮菜叶	3片
紫洋葱	1/3个
小西红柿	2个

调料

柠檬汁	1大匙
生姜汁	1/3小匙
橄榄油	3大匙
盐、胡椒粉	各少许

做法

① 将所有调料混合均匀，制成酱汁，备用。

② 牛皮菜叶洗净，撕成小块；圆生菜洗净，撕成小块；紫洋葱洗净，去老皮，切丝。

③ 小西红柿洗净去蒂，切块备用。

④ 将上述所有原料一同放入碗中，淋入酱汁，拌匀即可。

要点提示

· 牛皮菜、圆生菜应撕成同样大小的块状，吃起来方便，更显得文雅。

黄瓜甜椒沙拉

主料

青、红甜椒各1个，黄瓜1根，香芹2根。

调料

柠檬1个，橄榄油3大匙，低聚糖1小匙，盐少许。

做法

① 柠檬洗净，取皮切丝，然后用果肉榨成柠檬汁。

② 将柠檬汁、橄榄油、低聚糖一起搅拌均匀，然后加柠檬皮丝、盐制成酱汁。

③ 青、红甜椒去籽，切丁；黄瓜洗净，切块；香芹取叶，切小段。

④ 将切好的蔬菜一起放入碗内，淋上酱汁稍拌，摆盘即可。

甜椒燕麦沙拉

主料

燕麦片20克，玉米粒40克，红甜椒半个，酸黄瓜1根。

调料

蛋黄沙拉酱1小匙，盐适量。

做法

① 红甜椒、酸黄瓜、玉米粒分别洗净，备用；玉米粒煮熟。

② 燕麦片洗净，沥干，放入锅中小火炒香，至麦片微微焦黄时盛出。

③ 红甜椒、酸黄瓜分别切成小丁，与玉米粒、燕麦片一起装入沙拉碗中。

④ 将所有调料放入碗中，拌匀装盘即可。

玉米甜椒沙拉

制作时间
10 分钟

难易度
★

主料

玉米粒	100克
青甜椒	适量
红甜椒	适量
洋葱	适量

调料

蛋黄酱	1大匙
白醋	2小匙
白砂糖	1小匙
盐	适量

做法

① 青甜椒、红甜椒切成比玉米粒略大的小丁；洋葱剥开，切丁。

② 将处理好的原料一同放入沙拉碗中。

③ 在碗中加入蛋黄酱、白糖，拌匀。

④ 最后加入适当白醋、盐调味，装盘即可。

甜椒沙拉

制作时间 20分钟　难易度 ★★

主料

青、红、黄甜椒	各1个
大蒜	6瓣
紫苏叶	适量
牛奶	150毫升

调料

苹果汁	3大匙
橄榄油	2大匙
盐、胡椒粉	各少许

做法

① 将甜椒洗净，去籽，用锡箔纸包好放入烤箱内略烤，取出。

② 放凉后的甜椒切条；牛奶和大蒜放入锅中，小火煮15分钟，捞出。

③ 大蒜用纸巾吸干水分，与甜椒一同入碗中，加入紫苏叶丝，翻拌均匀。

④ 将调料混合均匀，淋入碗中，拌匀装盘即可。

主料

秋葵6根。

调料

日式芝麻沙拉酱2小匙，盐1小匙。

做法

① 秋葵洗净，去除头尾。

② 锅中加适量水烧开，加盐和几滴食用油，放入秋葵，汆烫2分钟，捞出，浸入冰水中降温，沥干，装盘，淋入日式芝麻沙拉酱即可。

要点提示

· 挑选秋葵时以手感捏上去有韧劲、表面无斑无皱、色泽鲜绿偏嫩黄为佳。

秋葵沙拉

主料

水果玉米1根，黄瓜半根，小西红柿4个。

调料

橄榄油1小匙，柠檬汁少许，盐适量，洋葱末少许。

做法

① 水果玉米剥粒，煮熟，沥干，放入碗中；小西红柿、黄瓜洗净。

② 黄瓜、小西红柿分别切成小块，与玉米粒一起放入沙拉碗中，加入橄榄油、盐、柠檬汁和洋葱末，拌匀即可。

要点提示

· 最好选用较嫩的水果玉米，开锅后煮制10分钟左右即可。

黄瓜玉米沙拉

劲道黄瓜沙拉

制作时间 25分钟　难易度 ★★★

主料

黄瓜	1根
胡萝卜	半根
红辣椒	半根
洋葱	少许

调料

橄榄油	1小匙
红酒醋	2大匙
盐、胡椒粉	各适量
蒜末、姜末	各少许

做法

① 将所有原料洗净，备齐。

② 红辣椒和洋葱分别切丝，黄瓜和胡萝卜分别切片。

③ 将胡萝卜片、黄瓜片、红辣椒丝、洋葱丝一起放入沙拉碗中。

④ 在碗中加盐、胡椒粉、姜末、蒜末、红酒醋、橄榄油，拌匀后放入冰箱冷藏一会儿，装盘即可。

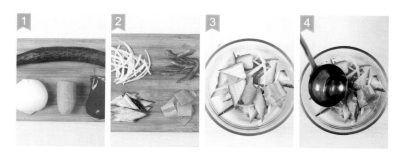

黄瓜韭菜沙拉

制作时间 20分钟　难易度 ★★

主料

小黄瓜	1根
韭菜	1小把

调料

鳗鱼酱汁、辣椒粉	各1大匙
柠檬汁、白砂糖	各1大匙
生姜汁	适量
白芝麻、盐	各少许

做法

① 将白砂糖放入鳗鱼酱汁中充分溶解，然后加其余调料搅拌均匀，制成酱料，备用。

② 将韭菜择洗干净，切成4厘米长的段。

③ 黄瓜洗净，切成4厘米长的段，再分别切成4等份，放入碗中，放盐腌渍10分钟，沥干。

④ 将韭菜段放入碗内，淋酱料拌匀，与黄瓜分别装盘即可。

黄瓜鸡蛋沙拉

制作时间 20分钟　难易度 ★★

主料

鸡蛋、红辣椒	各1个
黄瓜	2段
小西红柿	3个
洋葱	半个
黑芝麻	1小匙

调料

金枪鱼罐头	2大匙
蛋黄酱	3大匙
白砂糖	1小匙
盐、胡椒粉	各少许

做法

① 将鸡蛋煮熟，切丁；红辣椒去籽后和小洋葱一起用刀切碎。

② 黄瓜对半切开，去瓤；小西红柿横向切片。

③ 将鸡蛋丁、洋葱碎、黑芝麻、红辣椒碎一起放入碗内，淋入所有调料，搅拌均匀。

④ 将搅拌好的食材填入黄瓜段中，用小西红柿片稍加装饰即可。

南瓜酸奶沙拉

制作时间 20分钟　难易度 ★★

主料

南瓜	半个
土豆	1个
牛皮菜叶	5片
原味酸奶	2大匙

调料

姜末	适量
蜂蜜	1小匙
葡萄籽油	2大匙
盐、胡椒粉	各少许

做法

① 土豆去皮，切块，放入沸水中煮熟，捞出。

② 南瓜去皮，切小块，放入碗中，用微波炉加热至熟。

③ 牛皮菜叶洗净，切碎。

④ 将南瓜块、土豆块、牛皮菜叶放入碗中，加入原味酸奶拌匀，淋上混合后的调料汁即可。

菠菜洋葱沙拉

制作时间 15 分钟　难易度 ★★

主料

黄瓜	半根
菠菜	2根
小西红柿	3个
洋葱	1个

调料

A

原味酸奶	200毫升
柠檬汁	2大匙
蜂蜜	1小匙
盐	少许

B

| 蒜末 | 适量 |

做法

① 所有原料洗净，菠菜取叶留用。

② 黄瓜去蒂，对半切开，去瓤，切片。

③ 洋葱切片，放入凉水中浸泡，以去除辣味；小西红柿去蒂，对半切开。

④ 将调料A混合，淋入所有处理过的原料上，撒入蒜末拌匀，装盘即可。

小油菜洋葱沙拉

制作时间
20 分钟

难易度
★★

主料

小油菜	3棵
洋葱	半个
大蒜	3瓣

调料

蚝油、生抽	各1小匙
大蒜末	1大匙
橄榄油	适量
盐	少许

做法

① 洗净的小油菜对半切开，洋葱切丝，大蒜切片。

② 油锅烧热，放入切好的蒜片，煎至起泡成微黄色时捞出；切好的小油菜放入沸水中汆烫片刻，捞出放凉。

③ 将调料混合均匀，放入煎好的蒜片制成酱汁，备用。

④ 将小油菜和洋葱丝放入沙拉碗内，加酱汁翻拌均匀，装盘即可。

牛皮菜洋葱沙拉

制作时间 10分钟

难易度 ★

主料

牛皮菜叶	300克
紫洋葱	半个
熟鸡蛋	1个

调料

蜂蜜	1大匙
柠檬汁	2大匙
葵花油	5大匙
松露油	1小匙

做法

① 将备好的牛皮菜入沸水中汆烫片刻，捞出切碎。

② 熟鸡蛋去皮，切瓣；紫洋葱去皮，切丝。

③ 将处理过的材料放入碗中，淋入葵花油、松露油拌匀。

④ 在碗中加入蜂蜜、柠檬汁调味，装盘即可。

洋葱面包沙拉

制作时间 15 分钟　难易度 ★★

主料

黄甜椒	半个
黄瓜	半根
洋葱	半个
烤面包	1片
小西红柿	4个
紫苏叶	适量

调料

橄榄油	2大匙
意大利香醋	2大匙
柠檬汁	1小匙
盐、胡椒粉	各少许

做法

① 将烤面包片切成均匀的小片；小西红柿去蒂，切成小块。

② 黄甜椒去籽，与黄瓜、洋葱一同切条。

③ 将紫苏叶切碎，与上述处理过的原料一同放入碗中。

④ 将所有调料混合，淋入碗中拌匀，装盘即可。

橙香百合鲜芦笋

制作时间 20分钟　难易度 ★★★

主料

鲜芦笋	250克
鲜橙	1个

调料

蜂蜜	1小匙
鲜百合	1个
白糖、盐、色拉油	各1小匙

要点提示

· 处理过的鲜芦笋已很鲜嫩，焯烫时间不宜过长，以免影响其脆感。

做法

① 将鲜芦笋刮去老皮，切成寸段。

② 锅内加清水烧开，加适量盐、色拉油后放入芦笋焯烫至变色，立即捞入冰水中冷却，以保证其脆度。

③ 鲜百合用沸水焯烫片刻，半个鲜橙切块。

④ 将另外半个鲜橙打成浆，加蜂蜜、糖混合均匀，配上述处理好的原料，蘸食即可。

橙味芦笋沙拉

制作时间
15 分钟

难易度
★★

主料

芦笋	10根
橙子	半个
大蒜	7瓣
杏仁	10个

调料

生姜	1块
葡萄籽油	1大匙
生抽	1大匙
芝麻油、盐	各少许

做法

① 杏仁、大蒜分别碾碎；橙皮、生姜切丝；橙子果肉榨汁。

② 锅内加葡萄籽油烧热，加入生姜丝翻炒，入生抽炒熟，加入橙汁、盐、芝麻油，炒成酱汁，备用。

③ 用削皮器去除芦笋根部硬皮，入沸水中略氽，捞入冷水中过凉。

④ 将芦笋摆入盘中，撒杏仁碎、大蒜碎、橙皮细丝，最后淋上酱汁即可。

要点提示

· 橙皮在切丝前最好用刀刮去表层，切极细的丝，以增加其清爽的口感。

芦笋面包沙拉

制作时间
20 分钟

难易度
★★★

主料

芦笋	4根
全麦面包片	1片
煮鸡蛋	1个
酸黄瓜	1根
洋葱	适量

调料

蛋黄沙拉酱	1大匙
胡椒粉、盐	各适量

做法

① 将所有原料洗净，芦笋去掉根部老皮，斜刀切段，下入沸水锅中氽烫至熟，沥干。

② 将全麦面包片放入烤箱，烤至边缘微微焦黄，取出，放凉，与鸡蛋、洋葱、酸黄瓜分别切小块，同其他材料一起放入沙拉碗中。

③ 将所有调料放入小碗中拌匀，制成酱汁。

④ 将酱汁淋在沙拉上，拌匀即可。

要点提示

· 芦笋在氽烫过程中，时间不宜过长，以免影响其应有的脆感。

芦笋大蒜沙拉

制作时间 20分钟　难易度 ★★

主料

芦笋	10根
大蒜	11瓣

调料

橄榄油	2大匙
柠檬	半个
意式香醋	1小匙
盐、胡椒粉	各少许

做法

① 锅中加水煮沸，放少许盐，入处理好的芦笋，煮至变色后捞出，过凉沥干。

② 将7瓣去皮的大蒜和煮好的芦笋一同放入烤箱中，烤至微黄，放凉；柠檬切片，去皮。

③ 将柠檬、4瓣大蒜和其他调料一起放入料理机中搅匀，制成酱汁。

④ 将烤好的芦笋摆入盘中，放上烤好的大蒜，淋入酱汁即可。

生菜香葱沙拉

制作时间
15分钟

难易度
★★

主料

生菜	1/4个
细香葱	1根

调料

奶酪	1杯
蛋黄酱	适量
奶油	适量
柠檬汁	30毫升
辣椒酱	1小匙
盐、胡椒粉	各少许

做法

① 将所有调料一同放入料理机中搅匀，制成酱汁，备用。

② 生菜平均分切成2份；细香葱取叶，切成4厘米长的小段。

③ 处理过的生菜摆入盘中，均匀地淋上酱汁。

④ 将香葱段散在生菜上，装饰即可。

芦笋甜椒沙拉

制作时间 20分钟　难易度 ★★

主料

芦笋	5根
青甜椒、黄甜椒、红甜椒	各半个

调料

番茄沙拉酱	2小匙
白芝麻	1小匙

做法

① 芦笋去掉根部老皮，洗净；备好其他食材。

② 将处理好的芦笋切成条状，入沸水锅中烫至断生。

③ 青甜椒、黄甜椒、红甜椒分别洗净，切条与上述原料一同装入碗内。

④ 将番茄沙拉酱淋入盘中，撒白芝麻装饰即可。

甘薯生菜沙拉

制作时间
25 分钟

难易度
★★★

主料

甘薯	50克
小西红柿	4个
生菜	100克
鸡蛋	1个

调料

橄榄油	1大匙
芥末酱、白砂糖、盐	各1小匙
白醋	2小匙

做法

① 将生菜、小西红柿、鸡蛋分别洗净；甘薯去皮，洗净。

② 生菜撕成小块，小西红柿对半切开，鸡蛋煮熟后切成4瓣，一同放入沙拉碗中备用。

③ 甘薯切成薄片，放入热油锅中小火煎脆。

④ 待甘薯片放凉后，逐一摆入碗中。

⑤ 将橄榄油、白醋淋入碗中。

⑥ 根据个人口味，加入适量芥末酱、白砂糖、盐，调匀即可。

Tips

1.不要吃没有熟透的小西红柿，以免造成中毒。

2.由于小西红柿中的果胶和木棉酚能够与胃酸结合形成不溶物质，故而不要空腹时食用小西红柿，以免造成胃痛的后果。

3.因为小西红柿属寒性的蔬果，故肠胃不好时不宜食用。

要点提示

· 甘薯片用热油煎烤过，增加了沙拉香酥的口感。

· 鸡蛋要煮到全熟的程度。

抱子甘蓝黄油沙拉

制作时间 20分钟　难易度 ★★

主料

抱子甘蓝	7个
培根	1片

调料

无盐黄油	2块
盐、胡椒粉	各少许
意大利白醋、橄榄油	各2大匙
芥末酱	半小匙
大蒜末	1大匙
百里香末	1小匙

做法

① 油锅烧热，放入培根煎熟，沥油，切成碎末，与调料一同搅拌均匀，制成酱汁，备用。

② 抱子甘蓝洗净，对半切开，去芯后切块。

③ 锅置火上，放入黄油，待其化开后放入抱子甘蓝块翻炒，加适量水煮至熟透变软，捞出沥水。

④ 将酱汁淋在放凉的抱子甘蓝上，翻拌均匀，装盘即可。

生菜甘蓝沙拉

制作时间
20分钟

难易度
★★

主料

圆生菜	半个
苦菊	5根
小西红柿、黑橄榄	各3个
甜萝卜、紫甘蓝	各少许

调料

苹果	1个
洋葱末、蜂蜜	各1大匙
原味酸奶、低聚糖	各适量

做法

① 苹果去皮核，切成小块，与其他调料一同放入料理机中搅匀，制成酱汁。

② 圆生菜、苦菊、紫甘蓝用凉水浸泡沥干，掰成小块。

③ 甜萝卜去皮，切成小块；洗净的西红柿、去仁的黑橄榄分别对半切开。

④ 将所有材料放入沙拉碗中，淋入酱汁，拌匀即可。

要点提示

· 圆生菜、苦菊、紫甘蓝用凉水浸泡，既可保持蔬菜的新鲜，又可增加其脆爽的口感。

西蓝花土豆沙拉

制作时间 25分钟　难易度 ★★★

主料

西蓝花	200克
土豆	1个
胡萝卜	2片
豌豆、玉米粒	各适量

调料

蛋黄沙拉酱	1大匙
盐	适量

做法

① 将西蓝花、胡萝卜、豌豆和玉米粒洗净。土豆洗净后去皮，西蓝花切成小朵，胡萝卜切片。

② 豌豆、玉米粒、西蓝花分别放入沸水中略烫片刻，捞出沥干；土豆切片，放入锅中蒸熟。

③ 将蒸熟的土豆放入碗中，碾压成泥，加盐拌匀。

④ 将小朵的西蓝花逐个摆放在土豆泥上，做成小山状。

⑤ 将豌豆、玉米粒均匀地撒在西蓝花上。

⑥ 所有调料拌匀，淋入碗中，用胡萝卜片装饰即可。

Tips

　　西蓝花，又名绿菜花，为1~2年生草本植物，目前我国南北方均有栽培，已成为日常主要蔬菜之一。西蓝花营养丰富，含蛋白质、糖、脂肪、维生素和胡萝卜素等。其营养成分位居同类蔬菜之首，被誉为"蔬菜皇冠"。

　　胡萝卜是一种质脆唯美、营养丰富的家常蔬菜，素有"小人参"之称。胡萝卜富含糖类、脂肪、挥发油、胡萝卜素、维生素A、维生素B$_1$、维生素B$_2$、花青素、钙、铁等营养成分。

要点提示

· 西蓝花切得越小越好，使其能够均匀无缝隙地插在土豆泥上，造型更美。

西蓝花坚果沙拉

制作时间
20分钟

难易度
★★

主料

西蓝花朵	100克
腰果、核桃仁、杏仁	各5克

调料

橄榄油	2小匙
白酒醋	2大匙
白砂糖	1小匙
盐、蒜末	各适量

做法

① 处理过的西蓝花朵在盐水中泡10分钟，烫至断生，捞出沥干。

② 将腰果、核桃仁、杏仁包上锡纸，放入烤箱烤脆，放凉后用擀面杖碾碎。

③ 取一小碗，放入橄榄油、白酒醋、白砂糖、盐和蒜末，搅拌均匀，制成酱汁。

④ 将西蓝花和坚果碎依次装盘，淋上酱汁，拌匀即可。

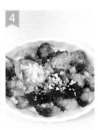

西红柿西蓝花沙拉

制作时间
20分钟

难易度
★★

主料

西蓝花	半个
西红柿	1个
藕片	6片

调料

奶香沙拉酱	2大匙
橄榄油、盐	各适量

要点提示

· 这款沙拉具备双重复合口味，既有西蓝花的清爽，又有炸藕片的香浓。

做法

① 开水锅内加少许盐，待水煮沸后将西蓝花放入焯烫片刻。

② 将焯烫后的西蓝花捞出，立即放入冷水中，以免变色。

③ 藕片洗净，入沸水中焯烫，沥干水分，放入锅中炸至金黄色。

④ 西红柿切块后，与其他原料一起放入碗中，加入奶香沙拉酱、橄榄油、盐调，拌匀即可。

西蓝花魔芋沙拉

制作时间
20 分钟

难易度
★★

主料

魔芋丝	200克
小西红柿	3个
西蓝花	50克

调料

日式芝麻沙拉酱	2大匙
番茄酱	2小匙
柠檬汁	适量

做法

① 将西蓝花切成小朵，小西红柿对半切开。

② 锅置火上，加水煮沸，分别放入魔芋丝、西蓝花略烫，捞入冷水中过凉，沥水，与小西红柿块一同放入沙拉碗中。

③ 所有调料倒入碗中调匀，制成酱汁。

④ 将做好的酱汁均匀地淋在沙拉碗中，翻拌均匀，装盘即可。

要点提示

· 在焯烫西蓝花时，时间不宜过长，以免使其失去应有的脆感。

菠菜粉丝沙拉

制作时间
25分钟

难易度
★★★

主料

粉丝、菠菜	各100克
洋葱、平菇、胡萝卜	各适量

调料

白砂糖、盐	各1小匙
海带肉汤	1大匙
香油	适量
葡萄籽油	少许

做法

① 将粉丝放入沸水中浸泡至软，取出，沥干水分，放入沙拉碗中，加入葡萄籽油稍微拌一下。

② 菠菜洗净，剪取叶子；平菇洗净，掰开；洋葱和胡萝卜分别洗净切丝。

③ 油锅烧热，将胡萝卜丝、平菇、洋葱丝、菠菜叶依次放入锅中翻炒，加适量盐调味。

④ 将白砂糖、海带肉汤、香油混合均匀成酱料，倒入粉丝中略拌，加入炒好的蔬菜，再次拌匀即可。

要点提示

· 菠菜焯烫时间不宜太长，叶子稍软即可。

菠菜核桃仁沙拉

制作时间 15分钟　难易度 ★★

主料

菠菜	100克
核桃仁	适量
鸡蛋	1个

调料

芝麻沙拉酱	1大匙
米醋	2小匙

做法

① 菠菜洗净，沥干，用手撕成小段；其他食材备好。

② 将核桃仁放在煎锅上用小火煎烤至出香味。

③ 鸡蛋煮熟，放凉，剥壳，切成小块。

④ 将所有材料放入沙拉碗中，加芝麻沙拉酱、米醋，翻拌均匀，装盘即可。

萝卜橄榄沙拉

制作时间 5分钟　　难易度 ★

主料

萝卜苗	200克
小西红柿	2个
小萝卜	1个
黑橄榄	3个
奶酪片	100克
烤松子	少许

调料

意大利香醋	3大匙
橄榄油	2大匙
低聚糖、蜂蜜	各1小匙

做法

① 准备好所有食材。

② 黑橄榄洗净，对半切开；小西红柿洗净去蒂，切块；萝卜苗用凉水洗净，沥干，切碎；小萝卜洗净，切片。

③ 将所有主料一起放入碗内。

④ 将所有调料混合成酱汁，淋在碗中，翻拌均匀，摆盘即可。

鲜蚕豆奶酪沙拉

主料

土豆2个，蒜香奶酪50克。

调料

鲜蚕豆瓣100克，薄荷叶适量。

做法

① 土豆洗净削皮，入蒸锅蒸熟。

② 将蒸熟的土豆晾凉，用手轻轻捏碎，无需捣成豆泥，调入蒜香奶酪，拌匀。

③ 鲜蚕豆放入开水中煮熟，使蚕豆瓣呈半透明色，立即入冰水中过凉。

④ 将蚕豆与奶酪豆泥混合，装盘后用鲜薄荷叶点缀即可。

圆白菜胡萝卜沙拉

主料

圆白菜半个，胡萝卜半根，西蓝花朵适量，杏仁5颗。

调料

咖喱粉1小匙，黄油2块，洋葱末1大匙，柠檬汁2大匙。

做法

① 圆白菜洗净，切丝；西蓝花朵放入加盐的沸水中略余烫；胡萝卜切丝。

② 锅置火上，加入黄油，待黄油化开后将洋葱末放入锅内充分翻炒，加咖喱粉、水调至黏稠。

③ 将圆白菜丝、西蓝花朵、胡萝卜丝倒入锅中略翻炒。

④ 在锅中淋入柠檬汁，装盘，撒杏仁装饰即可。

日式土豆沙拉

制作时间
20分钟

难易度
★★★

主料

土豆	350克
三明治火腿	120克
黄瓜	60克
胡萝卜	50克
鸡蛋	2个

调料

沙拉酱	5大匙
青芥辣	约5厘米长
盐	1/4小匙

扫码看视频

做法

① 土豆去皮，洗净，切块，放入微波容器内，加盖高火加热5分钟，取出放凉，用擀面杖擀成泥；黄瓜、胡萝卜洗净，切片。

② 锅入水烧开，放入胡萝卜片焯熟，捞出沥干；鸡蛋煮熟，去壳，切成细末；火腿切丁。

③ 将处理好的原料放入碗内，加入沙拉酱、青芥辣、盐，拌匀，加盖。

④ 将沙拉碗放入冰箱冷藏后食用，味道更佳。

要点提示

· 将沙拉入冰箱冷藏2小时，既能享受到沙拉冰凉的口感，又能让食材更入味。

土豆火腿沙拉

制作时间 25 分钟　难易度 ★★★

主料

土豆	1千克
西式火腿	150克
葡萄籽油	15克
冷冻青豆	100克
苹果	1/2只

调料

蛋黄酱	75克
柠檬汁	5克
白胡椒粉	1/16小匙
盐	适量

Tips

　　葡萄籽油的主要成份是亚油酸与原花青素，其中亚油酸含量达70%以上。而亚油酸是人体必需而又为人体所不能合成的脂肪酸。同时，葡萄籽油还能防治心血管系统疾病，降低人体血清胆固醇和血压。

做法

① 土豆洗净，放入加过盐的沸水锅中煮熟，捞出沥水，趁热去皮，切成1.5厘米见方的小丁，备用。

② 将西式火腿切成与土豆同等大小的方丁。

③ 预热平底锅，加入葡萄籽油烧热，放火腿丁，翻炒至表面略显金黄色，盛出备用。

④ 在沸水锅中放少许盐，加入青豆，焯水片刻，捞出沥水。

⑤ 将所有调料混合均匀，制成酱汁。

⑥ 苹果切成1.5厘米见方的小丁，将土豆丁、火腿丁、苹果丁和青豆一同放入沙拉碗中，调入做好的酱汁，拌匀即可。

要点提示

· 苹果一定要放到最后再切丁，避免表面氧化变色。

· 苹果要选择口感比较清脆的，可以与土豆沙拉里的其他成分形成清晰的对比。

· 青豆焯水的时候要严格控制时间，火候一过，青豆就会失去应有的软糯香甜的口感。

风味土豆沙拉

制作时间 15分钟　难易度 ★★

主料

土豆	1个
西红柿	1个
红甜椒	1个
紫苏叶	少许
黑橄榄粉	少许

调料

盐、胡椒粉	各少许
大蒜末、洋葱末	各适量
柠檬汁、白砂糖	各1小匙
橄榄油	3大匙

做法

① 将所有调料拌匀，放入冰箱，备用。

② 紫苏叶切碎；西红柿切块；红甜椒去籽，切丁。

③ 将土豆去皮，切块，放入蒸锅内蒸8分钟，放凉。

④ 将西红柿块、红甜椒丁、紫苏叶碎放入碗内，加调料翻拌均匀，摆盘，放入土豆块，撒黑橄榄粉即可。

蛋黄土豆泥沙拉

制作时间
15 分钟

难易度
★★

主料

土豆	1个
黄瓜	半根
洋葱	半个
火腿	1片

调料

蛋黄酱	4大匙
柠檬汁	1大匙
盐、胡椒粉	各少许

做法

① 将所有调料放在一起搅拌均匀，制成酱汁，备用。

② 土豆洗净，切厚片，放入锅内煮熟，取出，用勺子捣碎。

③ 洋葱洗净切丝；火腿切条；黄瓜洗净去瓤，切薄片。

④ 将土豆泥摆盘底，放火腿条、洋葱丝、黄瓜片，淋酱汁即可。

荷兰豆甜椒沙拉

制作时间 20 分钟　　难易度 ★★

主料

荷兰豆	100克
红甜椒	半个

调料

橄榄油、白砂糖	各1小匙
白酒醋	2大匙
胡椒粉、盐	各适量

要点提示

· 荷兰豆过冰水后要完全沥干，
　不然会稀释酱汁的滋味。

做法

① 荷兰豆洗净，撕去边筋，斜切成段。

② 将荷兰豆放入沸水中氽烫至熟，捞出过凉，沥干水分。

③ 红甜椒洗净，切片，与荷兰豆段一同放入沙拉碗中。

④ 将所有调料依次放入沙拉碗中，翻拌均匀，装盘即可。

口蘑茄子沙拉

制作时间
20分钟

难易度
★★

主料

长茄子	1个
口蘑	2个
西红柿	1个
干酪丁	适量

调料

百里香	1小把
盐	少许
胡椒粉	少许
柠檬汁	1小匙
橄榄油	适量

做法

① 百里香洗净，剪碎，和其他调料混合均匀，制成酱汁，备用。

② 茄子洗净，切圆片；口蘑去蒂，切片。

③ 将茄片、口蘑片一同放入烤箱内烤至微黄，取出，放凉。

④ 西红柿切块，与茄子片、口蘑片同放碗内，淋上酱汁腌制30分钟，装盘时撒入干酪丁装饰即可。

裙带菜黄瓜沙拉

主料

裙带菜30克，黄瓜1根，小西红柿3个。

调料

橄榄油1小匙，黑醋2小匙，盐、洋葱末、蒜末、柠檬汁各适量。

做法

① 裙带菜泡发，洗净，沥干，切丝；洗净的小西红柿切成块；洗净的黄瓜切成蓑衣状，加少许盐、黑醋腌渍片刻。

② 黄瓜、裙带菜、小西红柿摆入盘中。

③ 将所有调料拌匀，淋在装有材料的盘中即可。

西红柿莲藕沙拉

主料

莲藕1小节，黄瓜半根，小西红柿50克，洋葱末适量。

调料

芥末酱、白砂糖各1小匙，橄榄油2小匙，白酒醋3大匙。

做法

① 将莲藕、黄瓜、小西红柿切成小块。

② 莲藕放入沸水中煮至断生，捞出，沥干，过凉水。

③ 将所有材料放入沙拉碗中，加入芥末酱、白砂糖、橄榄油、白酒醋，调匀即可。

豆腐沙拉

制作时间 10分钟　难易度 ★

主料

嫩豆腐	200克
芹菜、香葱	各适量

调料

芝麻沙拉酱	2大匙
生抽	1小匙

要点提示

· 配豆腐的蔬菜可以任意搭配，换成黄瓜、洋葱或脆笋均可。

做法

① 芹菜去叶，香葱、芹菜分别切段。备好其他食材。

② 嫩豆腐洗净，沥干，切成长条，码入长盘中，芹菜段和葱段放在盘子一端。

③ 取一小碗，将所有调料倒入碗中，拌匀。

④ 将调好的酱料淋在长盘的材料上即可。

胡萝卜豆腐沙拉

主料

嫩豆腐	1块
香菇	1朵
胡萝卜	1/4根
香葱	1根
红辣椒	2个
胡萝卜丁	3大匙
洋葱末	1大匙

调料

黄油	1块
橄榄油	1大匙
鲜奶油	2大匙
盐	少许

做法

① 红辣椒、香葱、胡萝卜、香菇分别洗净，均切丝；嫩豆腐切片。

② 炒锅烧热，放入橄榄油和黄油，待黄油化开后放入洋葱末和胡萝卜丁稍炒，放适量水煮熟。

③ 加入鲜奶油，拌匀后加盐提味，盛入碗中，调成酱汁。

④ 在盘子里摆上豆腐片后加上葱丝，再放入胡萝卜丝、香菇丝、红辣椒丝，淋上酱汁装饰即可。

鸡蛋蔬菜沙拉

制作时间 10分钟　难易度 ★★

主料

主料	
牛油果、鸡蛋	各1个
小西红柿	3个
生菜	适量
黄瓜	半根

调料

调料	
橄榄油	1大匙
白醋	2大匙
盐	1小匙
胡椒碎	适量

做法

① 小西红柿、黄瓜、生菜分别洗净。备好其他食材。

② 鸡蛋煮熟，放凉后去皮，切成小块。

③ 生菜撕成小块；小西红柿对半切开；黄瓜切片；牛油果对半切开，去皮去核，取出果肉，切成小丁。

④ 所有处理好的材料放入沙拉碗中，加入橄榄油、白醋、盐和胡椒碎，搅拌均匀，装盘即可。

凯撒沙拉

制作时间 25分钟　难易度 ★★★

主料

鸡蛋	4只
萝蔓生菜叶	10片
面包	125克

调料

初榨橄榄油	20克
盐	1/4小匙
凯撒沙拉酱	适量

要点提示

- 所有食材必须新鲜，特别是生菜、香脆面包丁和沙拉酱一定要当场做，以获得最佳口感和风味。
- 生菜叶上残留的水分会稀释沙拉酱的风味，所以生菜叶表面的水分必须甩干、晾干或者擦干。
- 鸡蛋煮到溏心的效果最适合这道沙拉的风味和口感。

做法

① 取一只汤锅，倒入水，大火煮沸，然后把火力关小至最小火，用漏勺轻轻把4只刚从冰箱里取出的鸡蛋放进锅底，然后开始计时。50克一只的鸡蛋需要11分钟，60克以上的鸡蛋需要12分钟。

② 准备一大碗冷水，时间一到马上快速把鸡蛋捞进冷水中，等待5分钟左右，就可以剥鸡蛋壳了。

③ 将萝蔓生菜叶洗净，用手扯碎，放在沙拉甩干器里甩干水分。

④ 制作香脆面包丁。用手把面包片撕成小块，想省事也可以用刀切，不过刀切的面包丁烘烤之后口感稍硬，不如手撕的轻脆。

⑤ 将撕好的面包丁放在一只大盘子里，放入盐，搅拌均匀，接着洒入初榨橄榄油，搅拌均匀。

⑥ 取一只烤盘，衬上烘焙纸，把面包丁平铺在上面，放进预热到200℃的烤箱内烤10分钟。当面包丁变成金黄色，马上从烤箱里取出来。面包丁也可以放在平底不粘锅里煎到金黄色，外表依然轻脆，内部则更为松软一些。

⑦ 把剥好皮的鸡蛋切成四等份，然后与生菜和香脆面包丁混合均匀，上桌前浇上凯撒沙拉酱就可以享用了。作为最后的装饰和调味，还可以在沙拉上刨一些帕尔马芝士，锦上添花。

五彩鸡蛋

制作时间 15分钟　　难易度 ★★

主料

鸡蛋	4个
干香菇	3朵
乳黄瓜	1根
青豆	20克

调料

盐	适量
色拉油	少许

Tips

这道沙拉颜色鲜艳、口感丰富，而且十分营养，非常适合当作早餐食用。

做法

① 鸡蛋带皮煮熟，冷水冲过后去皮，切去1/3的蛋白，将蛋黄取出。

② 干香菇泡发后切碎。

③ 取下的蛋清部分切碎。

④ 锅热后入少量色拉油，加入香菇、青豆和盐同炒至青豆成熟。

⑤ 乳黄瓜切碎，与蛋清、蛋黄、青豆、香菇同放盛器中拌匀。

⑥ 将已经拌好的馅料装入蛋清壳内即可。

要点提示

· 鸡蛋要煮到全熟的程度，这样蛋黄比较好切碎。煮熟的鸡蛋去皮可以在水中进行，稍后清理碎鸡蛋壳更容易些。

· 干香菇泡发后口感较韧，有嚼头，且滋味更醇厚。因此尽量不要用鲜香菇替代。

· 色拉油口味清淡，不会破坏蔬菜的味道，不要选择有明显味道的油，如花生油或橄榄油。

小主厨沙拉

制作时间 20分钟　难易度 ★★

主料

鸡胸肉	1/2片
柠檬	1/2个
生菜叶	2片
熟鸡蛋	1个
熟虾仁	5个
青椒	1/4个
奶酪片	2片
圆火腿	2片
西红柿	1/2个

调料

沙拉酱	3大匙
清酒	1大匙
盐	1克

做法

① 鸡胸肉清洗干净下锅，放入柠檬，倒入清酒和盐，煮熟。

② 煮熟的鸡胸肉顺丝切成条状。

③ 将熟鸡蛋切成片。

④ 将青椒、奶酪片、圆火腿均切丝，西红柿切丁。

⑤ 生菜叶洗净，沥干水，撕成片。

⑥ 将食材在盘中码放好，淋上沙拉酱，拌匀食用即可。

Tips

鸡胸肉脂肪含量与其他肉类相比较低，非常适宜想要减肥瘦身的人食用，与多种蔬菜搭配在一起，营养更加丰富。

要点提示

· 鸡胸肉加入柠檬同煮可以去腥，同时增加风味。

· 可以根据自己的口味搭配酱料。

· 加入酱料后要充分拌匀。

· 生菜洗净后要充分沥干水，否则会影响口感。

蛋皮三丝卷

制作时间 15 分钟　　难易度 ★★

主料

鸡蛋	2个
鸡胸肉	120克
火腿	60克
小黄瓜	1根
柠檬	1/2个

调料

盐	2克
水淀粉	2大匙
沙拉酱	1大匙

做法

① 将鸡胸肉洗净，放入汤锅中，加入1克盐和柠檬片，小火煮开后再煮5~8分钟，捞出放凉，备用。

② 将小黄瓜洗净，切丝。火腿切丝。将鸡胸肉撕成细条。

③ 鸡蛋打散，放入1克盐，加入水淀粉搅打均匀。不粘锅中倒入蛋液，无油煎制蛋皮。

④ 煎好的蛋皮稍微晾凉，将处理好的三丝放到蛋皮上。卷紧后切段，挤上沙拉酱即可。

橙汁苦菊

制作时间
5 分钟

难易度
★

主料

苦菊	300克

调料

橙汁	2大匙
蜂蜜	1大匙

做法

① 苦菊洗净，择去老叶。

② 把苦菊切段。

③ 将切好段的苦菊泡洗后控水，放入盛器中。

④ 加入蜂蜜、橙汁调味拌匀，放入盘中，上桌即可。

要点提示

· 橙汁和蜂蜜的比例根据个人口味调整即可。这道菜酸甜可口、低脂健康，非常适合夏季食用。

特色腌蔬菜沙拉

制作时间 90分钟　难易度 ★★★

主料

西红柿	1个
土豆	1个
平菇	2朵
大蒜	2瓣

调料

A

蓝莓醋、香醋	各1大匙
白砂糖、柠檬汁	各1大匙
橄榄油	3大匙

B

盐	适量
胡椒粉	少许

做法

① 将平菇撕开；大蒜切薄片；西红柿洗净，切块。

② 油锅烧热，放入大蒜片、平菇丝略翻炒，放调料B炒匀。土豆切成小块，放入烤箱烤40分钟，取出，放凉。

③ 将调料A混合搅拌，制成酱汁。

④ 将土豆块、西红柿块、平菇丝摆在盘中，淋上酱汁，放入冰箱腌制30分钟即可。

蔬菜拼盘沙拉

制作时间 20分钟　　难易度 ★★

主料

圆白菜、胡萝卜	各适量
土豆、甘薯	各半个
条糕	4段
腌海带	1卷

调料

生抽、香油	各1大匙
葡萄籽油、低聚糖	各1大匙
黑芝麻	2大匙
海带肉汤	3大匙

做法

① 备好所有食材。土豆、甘薯分别洗净，去皮切块。

② 将圆白菜切块；胡萝卜切片。

③ 将腌海带入沸水锅中略汆烫，捞出，均匀地缠在条糕上。

④ 将圆白菜块、胡萝卜块、土豆块、甘薯块放入蒸锅内蒸熟，和海带条糕卷摆入盘内。

⑤ 将全部调料放入碗中搅拌均匀成酱料。另取一只小碗盛放酱料，食用时蘸取酱料即可。

米饭拌菜沙拉

制作时间 10分钟　难易度 ★

主料

土豆块、洋葱丁	各15克
黄瓜丁、芹菜丁	各15克
青椒丁、红椒丁	各适量
黑米饭	半碗
萝卜苗	1小把

调料

烤青椒	半个
葡萄籽油	3大匙
柠檬汁	2大匙
蜂蜜	1大匙
盐	少许

做法

① 将各种食材丁一同放入碗内。

② 土豆去皮，放入加盐的沸水中煮熟，捞出，放入碗内用勺子捣碎。

③ 将土豆和黑米饭放入盛蔬菜丁的碗中，加入调料拌匀。

④ 将拌好的材料揉搓成丸子，摆盘，用萝卜苗装饰即可。

五味蔬菜沙拉

制作时间 10分钟　难易度 ★★

主料

甜萝卜、洋葱	各半个
小南瓜	1/4个
芹菜	半根
萝卜苗	适量
黑芝麻	1小匙

调料

甜萝卜酱	1大匙
柠檬汁	1大匙
老抽	1小匙
橄榄油	3大匙
胡椒粉	少许

做法

① 萝卜苗洗净，用剪刀剪成段；芹菜洗净，切小段；洋葱切丝，放入凉水中浸泡。

② 甜萝卜去皮，洗净，切块；小南瓜去皮及瓤，切小块，将两者一起放入盛有凉水的碗中浸泡片刻。

③ 将所有处理好的材料一起放入碗中。

④ 所有调料搅拌均匀成酱料，淋在蔬菜上，撒上黑芝麻即可。

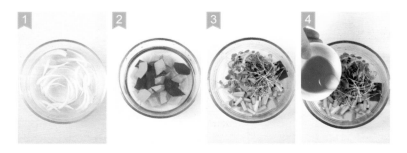

炸串沙拉

制作时间 20 分钟　　难易度 ★★

主料

西蓝花朵	适量
小西红柿、黑橄榄	各3个
豆腐	1块
青椒	1个

调料

柠檬汁	10毫升
橙皮	少许
百里香	2株
橄榄油	适量
盐	少许

做法

① 将调料放在一起搅拌均匀，盖上保鲜膜，放入冰箱腌制一会儿。

② 西蓝花朵放入加盐的沸水中余烫，过凉水，沥干；小西红柿切块；豆腐切块。

③ 油锅烧热，将豆腐块放入锅中煎至两面微黄，取出。

④ 将所有食材用竹签儿串在一起，再放入油锅煎至微黄，摆盘，淋上酱汁即可。

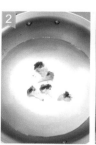

烤蔬菜沙拉

制作时间 20分钟　难易度 ★★

主料

长茄子	1根
西红柿	1个
青甜椒	半个
黄甜椒	半个
红甜椒	半个
大蒜	4瓣

调料

橄榄油、苹果醋	各2大匙
芥籽油	1小匙
柠檬汁	适量
白葡萄酒、白砂糖	各1小匙
盐、胡椒粉	各少许

做法

① 准备好所有材料，洗净。

② 将茄子对半切开，然后切片；青甜椒、黄甜椒、红甜椒、西红柿分别切条。将切好的蔬菜和大蒜放在烤箱内烤至微黄，取出，放凉。

③ 将烤好的蔬菜放入碗内。

④ 淋入所有酱料搅拌均匀，装盘即可。

 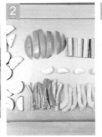  

紫薯百合酿桂花

制作时间
20 分钟

难易度
★★

主料

紫薯	2个

调料

鲜百合	1袋
桂花蜜	4小匙
干桂花	10克
白糖	适量

做法

① 紫薯去皮，切成宽条后放入冷水中煮开，大约10分钟后用筷子轻触至可变软即可。煮好的紫薯迅速放入冷水中冷却，不要使其变软。

③ 鲜百合放入开水中焯烫1分钟，使其颜色变雪白即可捞出。

④ 桂花蜜加入干桂花及白糖熬煮至糖汁黏稠。

⑤ 将紫薯条层叠摆放成井字形，放入百合，浇入桂花糖浆即可。

第三章

水果 沙拉

　　说起水果沙拉，大家可能有些不屑，不就是弄一些水果，切切块扔进大碗里再胡乱拌一拌嘛，有什么难的呢。其实，跟世界上的其他事情一样，越是这些貌似简单的东西，越要用心去做，这样才能化平淡为神奇。

完美水果沙拉

制作时间
15 分钟

难易度
★ ★

主料

草莓	100克
芒果	100克
金色猕猴桃	1只
绿色猕猴桃	1只
蜜露瓜	100克
蓝莓	100克
薄荷叶	6片
油桃	1只
红苹果、青苹果	各1/2只

调料

柠檬汁	10克
酸奶	100克

做法

① 将草莓洗净，去蒂，对切。芒果去皮后切成小丁。

② 两种猕猴桃去皮切片。蜜露瓜去皮，用挖球器挖出小球。将蓝莓洗净擦干。

③ 将油桃、红苹果、青苹果洗净擦干后切成1厘米见方的小块。

④ 把6片薄荷叶叠起来，卷成一个小筒，切成细丝后再切成碎末。

⑤ 将所有处理好的水果放进一只大碗里面，撒入薄荷碎和柠檬汁，轻轻混合均匀，配上酸奶，就可以上桌享用了。

要点提示

· 有些水果比较软，有些水果比较硬，混合的时候手法必须轻柔，否则硬水果会把软水果弄碎，破坏水果沙拉的品相。

草莓生菜沙拉

制作时间
10 分钟

难易度
★

主料

圆生菜	1/3个
红辣椒	半个
小萝卜菜	适量
草莓	3个

调料

猕猴桃	半个
原味酸奶	5大匙
蜂蜜	1大匙
枫糖浆	1/2小匙
杏仁片	少许

做法

① 准备好所有食材。将所有调料放在一起用搅拌机搅拌均匀，制成酱汁，备用。

② 将圆生菜和小萝卜菜洗净，分别撕碎。

③ 草莓去蒂，对半切开。红辣椒去种子，切圈。

④ 将所有材料放入碗内，淋入酱汁，装盘即可。

青柠奶酪沙拉

制作时间
10 分钟

难易度
★★

主料

嫩苦菊	1棵
小西红柿	5个
紫叶生菜	1棵
青柠檬	3片
蒜香奶酪	适量

调料

鲜橙汁	50克
黄柠檬汁	25克
白糖	2小匙
橄榄油	1小匙
黑胡椒碎	2克
薄荷嫩叶	少许
蜂蜜	20克

Tips

　　用青柠和薄荷做调味料可以制作很多菜肴，它们不同的清香味道闻起来虽并不相同，但搭在一起却是那么的契合，有了它俩共同存在的菜肴总会显得那么清新可人，吃起来会使你胃口大开。

做法

① 苦菊洗净，去掉老叶，取嫩心，在清水中浸泡一会儿，沥干水后备用。

② 将紫叶生菜、苦菊、小西红柿、薄荷叶分别洗净，沥干，混装于盘中。

③ 青柠檬切薄片。

④ 将橙汁、柠檬汁、白糖、黑胡椒碎、蜂蜜放入小碗中混合，调匀成汁料。

⑤ 汁料里最后加入橄榄油混合均匀。

⑥ 将汁料淋入蔬菜盘中，与蔬菜混合。最后将蒜香奶酪掰成小块，点缀在沙拉上即可。

要点提示

· 苦菊在清水中浸泡一会儿既可以去除残留的农药，又可以让苦菊叶片变得清脆爽口。

· 如果不喜欢蒜香奶酪的味道，也可替换成其他奶酪。

果蔬混拼沙拉

主料

白萝卜	1小段
梨	半个
苹果	半个
紫洋葱	1/4个
芹菜丝	适量

调料

柠檬汁	1大匙
松子	2大匙
白芝麻	适量
橄榄油	3大匙
盐	少许
胡椒粉	少许

做法

① 准备好所有材料，备用。将炒过的松子、白芝麻和其余调料一起搅拌均匀，制成酱料。

② 将白萝卜洗净，切片，再切成约4厘米长的丝。将紫洋葱去掉老皮，切丝。

③ 将苹果和梨分别洗净，切片，再切成4厘米长的细条。

④ 所有材料装入沙拉碗内。将酱料淋入沙拉碗内搅拌均匀，装盘即可。

 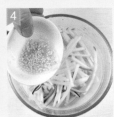

Tips

　　白萝卜应挑选水分足、光滑细皮、个大均匀的。以手指弹其中部，声音沉重的结实且不空心，声音浑浊的多空心。

要点提示

· 梨应选择水分大的雪梨或鸭梨，肉质较脆，能给这道沙拉带来爽脆的口感。

· 炒松子时要注意火候，用小火慢炒，以免炒煳，松子略发黄时即可，放凉后的松子会变酥脆。

苹果芹菜沙拉

制作时间 10分钟　难易度 ★★

主料

芹菜茎	1根
苹果	半个
牛皮菜叶	4片
苦菊	2棵
核桃仁	适量

调料

酸奶油、蛋黄酱	各2大匙
柠檬汁	1大杯
松露油	1小匙
盐	少许

做法

① 准备好所有食材。

② 苦菊、牛皮菜叶分别洗净，用剪刀剪碎。

③ 芹菜茎切小段；苹果切丁。

④ 锅置火上，放入核桃仁煸炒片刻。

⑤ 将切好的蔬菜和核桃仁放在碗里。

⑥ 加入调料后搅拌均匀，装盘即可。

Tips

核桃含有丰富的不饱和脂肪酸及维生素D、维生素E、维生素A等脂溶性维生素，能防止皮肤皱纹的产生，具有护肤美容的作用。

要点提示

· 芹菜和牛皮菜尽量选择鲜嫩的，如果太老，纤维较粗，会影响这道菜的口感。

· 芹菜茎要选择颜色较浅的部分，这样的芹菜茎口感较嫩。

鲜果云吞盒

制作时间
15分钟

难易度
★★

主料

云吞皮	20张
猕猴桃	1个
紫心火龙果	半个
芒果	1个

调料

奶香沙拉酱	2小匙

做法

① 在菜市场购买新鲜的云吞皮。

② 将五张云吞皮叠放在一起，用模具压出圆形。

③ 模具压出的形状非常圆，能使做出的成品更美观。

④ 锅热后加入色拉油，油热后放入压好的云吞皮，用筷子抵住圆心，使其中间呈现出凹窝，并炸至金黄，取出晾凉备用。

⑤ 猕猴桃、紫心火龙果、芒果等鲜果均切成小粒备用。

⑥ 炸好的云吞皮内先放入奶香沙拉酱，再加上水果粒即可。

Tips

　　鲜果可依据自己喜欢的口味及颜色任意搭配组合，建议不要选择易变色和汤汁较多的水果。也可将水果换成可直接食用的新鲜蔬菜。

要点提示

· 如家中没有现成模具，也可将云吞皮不做处理直接炸（或者换成饺子皮），要抵住中心使其呈现凹窝，这样可以多装一些果料。

· 将压出的云吞皮边边角角炸好后撒些盐就是一份很好的零食。

野莓山药沙拉

主料

淮山药2根。

调料

葡萄干、野莓子酱各适量，炼乳20克。

做法

① 将山药洗净，蒸熟并晾至不烫手后装入密封袋内碾成山药泥。

② 在山药泥里放适量炼乳，调拌均匀。

③ 拌匀的山药泥内可以添加任何自己喜欢的坚果或是其他果脯类，最后浇上野莓子酱即可。

要点提示

· 炼乳可依据个人口味调整用量。

蜜柚茶山药

主料

山药1根，橙子半个，柠檬半个。

调料

蜂蜜柚子茶2大匙。

做法

① 将山药洗净去皮，切成斜片，并用开水焯2分钟备用。

② 带皮柠檬切碎，橙子去皮后切粒。

③ 将蜂蜜柚子茶与柠檬粒、鲜橙粒混合后浇在山药上即可。

要点提示

· 山药的黏液沾在手上会觉得很痒。所以，去山药皮时要戴上胶皮手套，万一弄到手上要及时用醋将其清洗干净。

主料

苹果50克，草莓100克，芒果、菠萝各25克。

调料

酸奶、蔓越莓干各适量。

做法

① 苹果去皮后泡入水中，加几滴柠檬汁。

② 将草莓、芒果、菠萝分别切成相同形状的块并混合。

③ 混合好的水果内加入酸奶及蔓越莓果干即可。

要点提示

· 水果切开后遇空气易氧化变色。将水果泡入水中，再挤入几滴柠檬就不会变色了。

酸奶百果香

主料

甜柚半个，紫甘蓝50克，黄瓜25克，彩椒15克。

调料

沙拉酱适量。

做法

① 紫甘蓝洗净，切成片状，盛盘。

② 黄瓜切片，彩椒切三角丁，倒入盘中与紫甘蓝拌匀。

③ 甜柚剥皮，用手掰成块状，放于盘中。

④ 倒入沙拉酱拌匀，可根据自己口味决定沙拉酱的用量。

要点提示

· 沙拉酱可先加点水，更容易拌匀，不需要再加盐或其他调味料。

甜柚蔬菜沙拉

葡萄柚虾味沙拉

制作时间
15分钟

难易度
★★

主料

葡萄柚	半个
苦菊	4根
洋葱	半个
大蒜	5瓣
基围虾仁	5只
小萝卜片	适量

调料

葡萄籽油	2大匙
白葡萄酒	1大匙
胡椒粉	少许

做法

① 将葡萄柚去皮，果肉切好。

② 洋葱切成丝状。

③ 苦菊用剪刀剪成小段；大蒜切片。

④ 基围虾仁放入沸水中汆烫至熟，捞出。

⑤ 另起油锅，爆香蒜片，备用。

⑥ 将所有材料一起放入碗中，加入所有调料，搅拌均匀，盛出装盘即可。

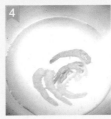

Tips

葡萄柚是柑橘类水果的一种，它的果肉柔嫩多汁，带有香气，味偏酸微苦。葡萄柚中含有丰富的维生素C以及可溶性纤维素，有利于皮肤保健和美容，并能促进抗体的生成，增强机体的解毒功能。葡萄柚中的天然果胶能降低体内胆固醇，预防多种心血管疾病。

要点提示

· 基围虾处理时应去掉虾头和硬皮，但可以保留虾尾。将基围虾背部用小刀划开，可以轻松去除虾线，而且这样处理好的基围虾在汆烫过后会卷成虾球，看起来更美观。

海带丝柠檬沙拉

主料

海带丝200克，洋葱少许，柠檬1个。

调料

苹果汁、柠檬汁、白糖、白芝麻各1小匙。

做法

① 海带丝洗净，浸泡10分钟，取出，沥干水。备好其他食材。

② 海带剪短，放入沸水锅中汆烫一下；洋葱、柠檬分别洗净，切丝。

③ 将海带丝、洋葱丝与柠檬丝装入沙拉碗中。加入调料，搅拌均匀，装碗即可。

要点提示

· 做沙拉宜选用细海带丝，口感好，也方便操作。

西柚洋葱沙拉

主料

西柚适量，洋葱半个，芹菜少许。

调料

橄榄油1小匙，白酒醋2大匙，盐适量。

做法

① 西柚取适量果肉；芹菜去叶，洗净；洋葱去皮，洗净。

② 芹菜斜切成小段；洋葱切丝；西柚剥皮，掰成小块。

③ 将处理好的材料放入沙拉碗中，加入准备好的调料拌匀即可。

要点提示

· 如果不喜欢洋葱的辛辣味道，可以将洋葱在沸水中汆烫一下再食用。

主料

草莓3个，香蕉1根，生菜3片，薄荷叶10片，杏仁薄片1大匙，苦菊、红甜椒适量。

调料

巧克力酱、低聚糖、鲜奶油各1大匙，原味酸奶5大匙，奶酪冰淇淋少许。

做法

① 将香蕉剥开，切小段；草莓洗净，去蒂，对半切开；生菜和苦菊撕小片；薄荷叶洗净；红甜椒切丝。

② 将杏仁薄片放到平底锅中进行翻炒，捞出，备用。

③ 将调料搅拌均匀，制成酱汁。将所有材料摆盘，食用时蘸取酱汁即可。

香蕉草莓沙拉

主料

草莓6个。

调料

巴萨米克醋半大匙，白砂糖1/2小匙。

做法

① 草莓洗净，去蒂，对切。

② 将切好的草莓放入沙拉碗中，加入白砂糖和巴萨米克醋，搅拌均匀，放入冰箱冷藏2小时。

③ 取出扣在盘子上即可。

要点提示

· 如果没有巴萨米克醋，可以选用白酒醋或白醋。

冰镇草莓沙拉

水蜜桃沙拉

主料

甜菜根、水蜜桃各2个。

调料

柠檬汁、蜂蜜各适量。

做法

① 甜菜根去皮，洗净；水蜜桃洗净。

② 甜菜根和水蜜桃分别切块，放入沙拉碗内。

③ 将柠檬汁、蜂蜜淋入碗中，搅拌均匀即可。

要点提示

· 甜菜根在我国东北地区比较常见，如果买不到，可以用水萝卜代替。

水果拼盘沙拉

主料

火龙果半个，香蕉1根，草莓3个，橘子1个。

调料

酸奶1杯。

做法

① 草莓去蒂，洗净。准备好其他食材。

② 火龙果洗净，去皮，取肉，切块；草莓、香蕉、橘子分别切块。所有材料一起装入沙拉碗中。

③ 将酸奶倒入沙拉碗中，搅拌均匀即可。

要点提示

· 酸奶要选择原味的，添加果粒或香精的调味酸奶会破坏水果沙拉清甜的味道。

葡萄生菜沙拉

制作时间
5分钟

难易度
★

主料

无籽葡萄	4颗
圆生菜	30克
小萝卜苗	适量

调料

葡萄籽油	2大匙
柠檬汁	1大匙
盐、胡椒粉	各少许

做法

① 将小萝卜苗洗净，沥干。

② 将圆生菜撕小块；葡萄对半切开。

③ 将所有材料一起放入碗内，放盐、胡椒粉调味。

④ 碗内淋入葡萄籽油、柠檬汁，搅拌均匀，装盘即可。

猕猴桃苹果沙拉

制作时间 10分钟　难易度 ★★

主料

芦笋	8根
猕猴桃	1个
生菜	1片
青苹果	1个

调料

柠檬汁、蜂蜜	各适量

做法

① 芦笋去掉老皮，洗净，切段，入沸水锅中焯烫，沥干。

② 猕猴桃去皮，取果肉，一半放入榨汁机中，挤入柠檬汁，打成汁，另一半切块。

③ 生菜洗净，撕成小片；青苹果洗净，切成片。

④ 将芦笋段、生菜片、青苹果块放入碗中，加入猕猴桃汁和调料搅拌均匀，撒上猕猴桃果肉即可。

第四章

肉类 沙拉

其实沙拉并不一定只能用蔬菜、水果来作主角，还可以加入肉类、海鲜等蛋白质丰富的食材。这样做出的沙拉饱腹感更强，完全可以作为一道主菜来食用。需要注意的是，肉类或海鲜食材尽量选择不太油腻的，如鸡胸肉、培根等，否则会破坏沙拉清爽的口感。快来发挥你的想象力，来搭配一份营养升级的创意沙拉吧！

茄子香肠沙拉

制作时间
20分钟

难易度
★★

主料

长茄子、洋葱	各半个
圆生菜	4片
小萝卜苗	1小把
意式香肠	1片

调料

酸梅汁、葡萄籽油	各3大匙
生抽、柠檬汁	各1大匙
香油	1小匙
胡椒粉	少许

做法

① 将所有调料放在一起搅拌均匀，制成酱汁，备用。

② 圆生菜洗净，撕成块。

③ 长茄子切片；洋葱切丝。

④ 意式香肠切丁，放入锅内烤至微黄。

⑤ 茄子片放入烤箱中烤熟。

⑥ 将茄子片、洋葱丝、圆生菜、香肠丁放入碗中，淋上酱汁搅拌均匀，用小萝卜苗装饰，摆盘即可。

Tips

　　茄子富含蛋白质、脂肪、碳水化合物、维生素以及多种矿物质，尤其是紫色茄子中维生素含量更高。茄子中含有芦丁，可保护血管健康，预防冠心病。茄子的很多营养都在皮里，吃茄子建议不要去皮。

要点提示

· 茄子切片不宜太厚，切成0.5厘米厚度比较适宜。烤过的茄子香味更浓郁。

牛油果香肠沙拉杯

制作时间
10分钟

难易度
★

主料

牛油果、青椒	各半个
小西红柿	2个
红辣椒	1个
鱼香草叶	8片
香肠	1根
洋葱	半个

调料

橄榄油	适量
鲜奶油	3大匙
胡椒粉	少许
奶酪粉	1小匙

Tips

　　牛油果也叫鳄梨，口感绵密细致，有着淡淡的香味，因其果实含油量高，特别是单不饱和脂肪酸含量较高，有"森林黄油"之美称。牛油果内含有的油酸能降低胆固醇水平，有助于心血管健康。牛油果内富含的卵磷脂可以护理干枯及受损的发质，让头发柔亮顺滑。

做法

① 小西红柿切块。

② 香肠切块。

③ 牛油果去皮，切成小块。

④ 洋葱切碎。

⑤ 红辣椒和青椒去籽切碎。

⑥ 将所有调料放在一起，搅拌均匀，制成酱汁，淋在原料上。用透明玻璃杯装好，最后用鱼香草叶装饰即可。

要点提示

· 牛油果能为这道沙拉带来滑腻浓郁的口感，因此尽量不要省略。

· 香肠可选择口感较软的西式香肠，不要用较油腻的香肠。

· 鱼香草的香味和外型与薄荷相似，也可以用薄荷代替。

火腿沙拉

制作时间 10分钟　难易度 ★

主料

火腿	100克
生菜、紫甘蓝	各适量
小西红柿	2个
熟玉米粒	20克

调料

橄榄油、白砂糖	各2小匙
白醋	2大匙
盐	适量

做法

① 生菜洗净撕片。

② 小西红柿对切，紫甘蓝洗净切条。

③ 火腿切片。

④ 所有材料放入沙拉碗中，加入所有调料拌匀即可。

主料

萨拉米香肠150克，洋葱15克，芹菜1根，豌豆35克，黑橄榄5个，水瓜柳5个，樱桃萝卜50克，生菜、香菜各适量。

调料

盐、胡椒粉各适量，橄榄油、果醋各1大匙。

做法

① 把香肠切成厚片。洋葱去皮。芹菜去叶，洗净，切成块。豌豆煮熟，过凉。樱桃萝卜洗净，切成小角。香菜洗净，切段，备用。

② 把以上准备好的原料放到容器中，加入水瓜柳、黑橄榄和调料搅拌均匀。

③ 生菜垫底，放上拌好的食材即可。

萨拉米肠沙拉

主料

蝴蝶面100克，洋葱15克，青椒15克，红椒15克，火腿20克。

调料

橄榄油10毫升，新鲜罗勒8克，李派林酱油、番茄辣椒酱各少许，盐、黑胡椒粉、白醋各适量。

做法

① 把蝴蝶面放入锅中煮熟，捞出，过凉。

② 洋葱切片。青椒、红椒分别洗净，切开，去籽，切成大小均匀的方片。

③ 火腿切成方片；罗勒洗净，备用。

④ 把准备好的蝴蝶面、洋葱、青椒、红椒、火腿片、罗勒放入容器中，加入调料搅拌均匀即可。

蝴蝶面沙拉

火腿蔬菜意面沙拉

制作时间　20分钟　　难易度　★★★

主料

彩色螺旋意面	100克
胡萝卜片	20克
火腿	1大片
黄瓜	1小段
小西红柿	2枚
生菜叶	少许

调料

蛋黄酱	2大匙
盐	1/4小匙
柠檬汁	数滴
黑胡椒碎	1/8小匙

Tips

煮意面的水要足够多，能让意面在沸腾的水中翻滚为佳。由于每种意面需要煮制的时间都不同，可以参考意面包装上标注的时间。如果咬开意面，可以看到针尖大小的硬芯，就说明意面煮好了。

做法

① 将意面放入锅中煮熟，关火前1~2分钟放入胡萝卜片同煮。将煮好的意面同胡萝卜片一起盛出，用凉开水过凉。

② 将火腿、黄瓜和小西红柿切片，备用。

③ 将意面和胡萝卜片沥水后放入碗中。

④ 将蔬菜和火腿放入意面中。

⑤ 挤上蛋黄酱，加柠檬汁、盐和黑胡椒碎。

⑥ 将意面、蔬菜同蛋黄酱和调味料拌匀，点缀生菜叶即可。

要点提示

· 这道沙拉的配菜可以根据喜好自由选择，颜色越丰富越好。

· 切片的胡萝卜放入快煮好的意面中一起煮，可以节省时间。

土豆培根沙拉

制作时间 20分钟

难易度 ★★

主料

土豆、培根	各4片
洋葱	5片

调料

橄榄油、白酒醋	各2小匙
无糖酸奶	150毫升
芥末酱	少许
胡椒粉、盐	各适量

做法

① 洋葱洗净，切丁。

② 土豆洗净，去皮，切片，隔水蒸熟后放凉。

③ 培根切片。油锅烧热后，放培根煎熟。

④ 培根同土豆一起摆盘。

⑤ 将除胡椒粉外的所有调料放入碗中，加入洋葱丁，搅拌均匀成酱汁。

⑥ 将酱汁缓缓倒入盘中，撒上些许胡椒粉即可。

Tips

培根（Bacon）又名烟肉，是由猪胸肉或其他部位的肉熏制而成。培根中含有丰富的蛋白质、脂肪，还含有磷、钾、钠等矿物质。培根可以作为冷盘，也可以加在意大利面中，或加在蔬菜汤、炖汤中食用。

要点提示

· 调制酱料时，可以边加酸奶边搅拌。

鸡腿肉拌苦菊

制作时间
15分钟

难易度
★★

主料

鸡腿	1个
苦菊	300克
红尖椒丝	10克

调料

盐、鸡精	各适量
花椒油	2小匙
生抽	1大匙

Tips

自制花椒油的方法：

1.取适量花椒、香叶、草果、丁香、桂皮、草蔻清洗干净并晾干。

2.菜籽油放入炒锅中，冷油放入葱段、姜片、蒜块，稍微加热后放入香叶、草果、桂皮、丁香、草蔻继续熬制。

3.待香味散出时放入花椒，将之前放进去的香料用筷子夹出弃去，熬至花椒变焦后关火。

4.晾凉后装入干净容器中即可。

做法

① 苦菊洗净，择去老叶，切段。

② 将鸡腿肉剔骨，放入滚烫的沸水锅中氽水，捞出，冲凉，控水。

③ 将鸡腿肉放在菜板上切块。

④ 将苦菊、鸡腿肉、红尖椒丝放入一个盛器中。

⑤ 加入生抽、盐、鸡精调味。

⑥ 最后淋花椒油拌匀装盘，上桌即可。

要点提示

· 将鸡腿肉切成小块再放入沸水中，容易氽烫至熟。当鸡肉表面发白，且撕开后见不到血丝，就说明烫熟了。

131

芹菜鸡肉沙拉

制作时间
20分钟

难易度
★★

主料

去皮鸡胸肉	100克
豌豆	40克
红甜椒、黄甜椒	各半个
芹菜	1把
葱段	1段
姜片	2片

调料

芝麻沙拉酱	2大匙
盐、白芝麻	各适量

Tips

芹菜又名"香芹"，有"厨房里的药物"的美称。既可热炒，又能凉拌，深受人们喜爱。

研究表明，芹菜含有多种维生素，对人体有诸多益处，并含有丰富的膳食纤维，能够降低胆固醇，是一种具有药用价值的蔬菜。

做法

① 去皮鸡胸肉、红甜椒、黄甜椒、芹菜、豌豆分别洗净。

② 豌豆洗净，放入沸水锅中煮熟，捞出，沥干。

③ 鸡胸肉放入加有葱段、姜片的沸水中煮熟。

④ 鸡胸肉捞出沥干，放凉后撕成丝。

⑤ 红甜椒、黄甜椒切成丝，芹菜切段，与鸡胸肉丝、豌豆、一同装入沙拉碗中。

⑥ 加盐、白芝麻调味，放入芝麻沙拉酱，搅拌均匀，装盘即可。

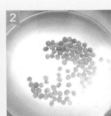
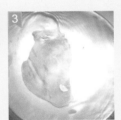

要点提示

· 要想让鸡胸肉软嫩，口感不发柴，可以先用盐将鸡胸肉腌渍一会儿。

· 芝麻沙拉酱是由芝麻酱和蛋黄酱混合而成的调味酱，可在芝麻酱中加入一点儿水，比较好拌均匀。

鸡肉甜椒沙拉

制作时间 25分钟　　难易度 ★★★

主料

秋葵	4根
去皮鸡胸肉	100克
黄甜椒	半个

调料

芥末沙拉酱	2大匙
胡椒粉	少许
盐	适量

做法

① 去皮鸡胸肉、黄甜椒、秋葵均洗净，备用。

② 秋葵切成小段。

③ 秋葵放入沸水锅中氽烫至断生。

④ 鸡胸肉用胡椒粉、盐腌渍片刻，切丁，包在锡纸中，放入预热至230℃的烤箱，烤18分钟。

⑤ 黄甜椒切粒。

⑥ 将处理好的材料一起装入沙拉碗中，加入芥末沙拉酱，搅拌均匀，加入胡椒粉、盐调味，装碗即可。

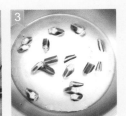

Tips

秋葵在夏秋季成熟，这时候吃最好，口感软滑、有嚼头。

秋葵含有以及碳水化合物、膳食纤维及多种维生素，且富含有锌和硒等矿物质，经常食用能帮助消化、增强体力、保护肝脏、健胃整肠。

要点提示

· 芥末沙拉酱是由芥末酱和蛋黄酱混合而成的调味酱，可在芥末酱中加入一点儿水，比较好拌均匀。

棒棒鸡沙拉

制作时间 25分钟

难易度 ★★★

主料

去骨鸡腿肉	100克
生菜	1/4个
小西红柿	2个
黄瓜	半根

调料

芝麻沙拉酱	2大匙
胡椒粉	少许
生抽	1大匙
盐	适量

Tips

芝麻沙拉酱无论拌沙拉还是蘸肉，都是美味的绝配，而且做起来很简单。先将白芝麻放在研磨碗中磨成芝麻碎。如果没有研磨碗，也可以用擀面杖碾碎或用料理机磨碎，然后放入蛋黄酱、盐、生抽搅拌均匀，如果想要味道再浓厚一些，可以加一些香油调味。芝麻沙拉酱最好现做现吃。

做法

① 准备好所有食材。

② 鸡腿肉加胡椒粉、生抽和盐混合均匀，腌渍半小时。鸡腿肉腌制好后包在锡纸中，放入预热至230℃的烤箱，烤18分钟。

③ 鸡腿肉烤熟后，取出放凉，切成棒状。

④ 将生菜、小西红柿、黄瓜分别洗净，生菜撕成小片，小西红柿对切，黄瓜切片。所有蔬菜一同放入沙拉碗中。

⑤ 将调料混合均匀成酱料。

⑥ 继续放入鸡腿肉和酱料，搅拌均匀即成。

要点提示

· 每台烤箱的功率和温度设定不同，烤制温度和时间仅供参考。

鸡肉玉米笋沙拉

制作时间 25分钟　难易度 ★★★

主料

去皮鸡胸肉	100克
罐头玉米笋	4支
红甜椒	半个

调料

蒜蓉沙拉酱	2大匙
胡椒粉、盐	各适量

要点提示

· 玉米笋一般都是罐头制品，在一些大型超市能买到。

做法

① 去皮鸡胸肉、红甜椒、玉米笋分别洗净。鸡胸肉加部分胡椒粉和盐腌制片刻，包在锡纸中，放入预热至230℃的烤箱，烤18分钟。

② 鸡胸肉烤好后，取出放凉，撕成肉条。

③ 红甜椒切丝，玉米笋切片，将蔬菜和鸡胸肉装入沙拉碗中。

④ 将盐、胡椒粉、蒜蓉沙拉酱放入沙拉碗中，搅拌均匀，装碗即可。

鸡肉凯撒沙拉

制作时间 25 分钟　难易度 ★★★

主料

罗马生菜	100克
去骨鸡腿肉	1个
培根	100克
面包	1片
西红柿、银鱼柳	各适量

调料

黄油	40克
大蒜、巴马臣奶酪粉	各10克
盐、白胡椒粉	各3克
柠檬汁	3毫升
黑胡椒碎、凯撒沙拉酱	各适量

做法

① 面包切成小方块，大蒜剁碎，备用。

② 不粘锅内放入黄油，待黄油化开，放入大蒜稍炒一下，放入面包丁，用微火轻轻翻炒。待面包丁上完全沾满黄油并且炒至金黄色时放入盐和白胡椒粉调味。

③ 将鸡腿洗净，用盐、黑胡椒和柠檬汁腌制一下，然后放入平底锅中用中火将鸡腿煎熟，切成粗条，备用。

④ 培根在不粘锅内用小火煎上色，切成8厘米长的条，备用。

⑤ 罗马生菜洗净，晾干；西红柿切小块。罗马生菜放入容器中，放入凯撒沙拉酱，搅拌均匀后装入盘中。

⑥ 把西红柿块放置在沙拉主体的四周，接着放上培根、银鱼柳、巴马臣奶酪粉和黑胡椒碎，最后放上做好的面包丁即可食用。

鸡肉洋葱沙拉

制作时间 25分钟

难易度 ★★★

主料

鸡蛋	1个
去皮鸡胸肉	100克
洋葱	半个
小西红柿、生菜	各适量

调料

沙拉酱	1小匙
胡椒粉、盐	各适量
芝士	少许

做法

① 去皮鸡胸肉、生菜、小西红柿分别洗净，备好其他食材。

② 鸡蛋煮熟，放凉，去壳后切小块。

③ 生菜撕成小块。洋葱、小西红柿分别切小块。

④ 鸡胸肉加胡椒粉和盐腌制片刻，包在锡纸中，放入预热230℃的烤箱，烤18分钟，取出放凉，切块。

⑤ 将生菜铺于碗底，依次放上鸡胸肉块、鸡蛋块、小西红柿块、洋葱块。

⑥ 加入沙拉酱、胡椒粉、盐，搅拌均匀，撒上芝士即可上桌。

Tips

洋葱具有辛辣刺激的口感，生吃具有杀菌的功效，并能有效祛除异味，在这道沙拉中加入一些洋葱，还可在一定程度上中和沙拉酱的油腻感。

要点提示

· 鸡胸肉用盐和胡椒粉腌制一会儿，可以使鸡胸肉更加入味。用锡纸包裹后再烤制，可以使烤好的鸡胸肉不发干，口感更软嫩。

西红柿鱼肉沙拉

制作时间
35 分钟

难易度
★

主料

西红柿	1个
紫苏叶	5片
鳀鱼肉	2片

调料

白砂糖	1小匙
盐	适量
胡椒粉	少许
柠檬汁	2小匙
橄榄油	1大匙

做法

① 将鳀鱼肉切碎。

② 将紫苏叶分别切碎。

③ 将鳀鱼肉和紫苏碎放入碗内，加入柠檬汁、橄榄油制成酱汁，备用。

④ 西红柿洗净去蒂，切圆片，铺放在盘子里。

⑤ 加白砂糖、盐、胡椒粉调味，包上保鲜膜腌渍半小时。

⑥ 揭去保鲜膜，淋上酱汁即可。

Tips

鳀鱼类似凤尾鱼，腌渍之后浸泡在油中，风味独特，是许多西餐中必不可少的食材。

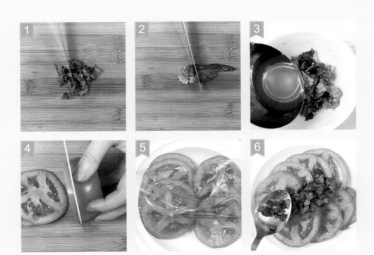

要点提示

· 紫苏叶能为这道沙拉带来清新的香气，将紫苏切碎可以让香味充分释放出来。

鳕鱼黄瓜沙拉

制作时间 45分钟　　难易度 ★★★

主料

鳕鱼块	100克
秋葵	6根
黄瓜	半根
生菜	50克

调料

盐、胡椒碎	各适量
柠檬汁	少许
橄榄油	2小匙
黑醋	2大匙
白砂糖	1小匙

Tips

　　鳕鱼的营养价值非常丰富，含有蛋白质、脂肪、维生素A、维生素D、B族维生素及钙、磷等矿物质。鳕鱼属于高蛋白、高脂肪的深海鱼，含有对人体有益的单不饱和脂肪酸，能够保护心血管健康。

做法

① 鳕鱼、秋葵、黄瓜、生菜分别洗净，备用。

② 鳕鱼加盐、胡椒碎、柠檬汁腌渍一会儿，用锡纸包裹，放入预热至180℃的烤箱烤10分钟，取出，放凉，切小块。

③ 秋葵去除根蒂，平铺在烤盘内，撒上盐，抹匀，用锡纸包裹，放入预热180℃的烤箱，烤30分钟，取出切段。

④ 生菜用手撕成小片，黄瓜切片。

⑤ 将黄瓜片和鳕鱼块、秋葵段一块放入沙拉碗中。

⑥ 放入橄榄油、黑醋、白砂糖调味，搅拌均匀，装盘即可。

要点提示

· 秋葵经过烤制，增加了香气，并且不再具有很多人不喜欢的黏滑口感。

金枪鱼面包沙拉

主料

金枪鱼块	1罐
京水菜	10根
苦菊	2根
豆腐	半块
全麦面包	2片

调料

橄榄油	3大匙
柠檬汁、芥末籽	各1大匙
蜂蜜	2大匙
盐	少许

做法

① 将豆腐切块，备好其他食材。

② 金枪鱼滤掉多余油脂，留鱼肉。京水菜和苦菊分别洗净，沥干，切成小段。

③ 全麦面包切成小块，加入部分橄榄油，在平底锅中略翻炒，盛出，备用。

④ 将金枪鱼和其余材料一起放入碗内，加入调料搅拌均匀，盛入盘内即可。

主料

吞拿鱼300克，熟鸡蛋1个，黑橄榄5个，芦笋尖50克，鸡尾洋葱5个，小西红柿6个，四季豆、叶生菜各80克，全麦面包1片。

调料

盐、黑胡椒碎各适量，橄榄油2小匙，柠檬汁1/2小匙，香脂醋1/4小匙，黄油2克。

做法

① 全麦面包上涂抹黄油，煎成金黄色，对切成三角形。鸡蛋去皮，切成角。

② 四季豆、扁豆去筋，切段，同芦笋尖放到开水中焯熟。小西红柿洗净，切两半。叶生菜洗净，控干水。

③ 叶生菜放到盘中垫底，放入准备好的材料，加入其余调料搅拌均匀。

尼斯沙拉

主料

吞拿鱼1罐（约200克），四季豆100克，洋葱30克，小西红柿2个，玉米笋2个。

调料

盐、黑胡椒碎各适量，白醋1小匙，柠檬汁1/2小匙，橄榄油2小匙。

做法

① 吞拿鱼洗净，控干水，切成小块。

② 四季豆去两头尖部，切段，用热水焯熟，备用。

③ 洋葱去皮，洗净，切成长条。小西红柿洗净一分为二。玉米笋择干净，备用。

④ 把准备好的原料放在一个容器中，加入所有调料搅拌均匀。

吞拿鱼四季豆沙拉

金枪鱼西蓝花沙拉

制作时间
10分钟

难易度
★★

主料

金枪鱼罐头	1罐
苦菊	3根
西蓝花	1朵
洋葱	半个
熟松子	20粒

调料

辣椒粉、辣椒油	各1小匙
葡萄籽油	2大匙

Tips

金枪鱼的营养价值很高，含有蛋白质、维生素及多种矿物质，金枪鱼鱼背含有大量的二十碳五烯酸（EPA），腹部含丰富的二十二碳六烯酸（DHA），这两种营养物质有益于大脑健康。

做法

① 将金枪鱼罐头加调料搅拌均匀，制成酱汁，备用。

② 将西蓝花洗净，切小朵，放入开水中焯烫片刻，捞出，过凉。

③ 将苦菊洗净，切成4厘米长的段。

④ 洋葱切碎。

⑤ 将处理过的蔬菜放入碗中，再淋上酱汁搅拌均匀。

⑥ 最后撒上松子装盘即可。

要点提示

· 如果想让焯出的西蓝花颜色翠绿，可以在焯烫西蓝花的水中放入少许食用油和盐。

· 金枪鱼罐头中的汤汁也可以加入酱汁中，不浪费。

· 切好的洋葱也可在水中浸泡一会儿，能去除部分辣味。

芹菜三文鱼沙拉

制作时间 10分钟　　难易度 ★★

主料

熏三文鱼	100克
芹菜茎	1根
洋葱	1/3个
小西红柿	3个
黄瓜	半根

调料

柠檬	1个
芥末	1大匙
蛋黄酱	3大匙
白糖、低聚糖	各1小匙
盐	少许

做法

① 将柠檬去皮，与其他酱料同放搅拌器内搅匀，制成酱汁，备用。

② 将熏三文鱼切成片；洋葱切细丝，用凉水浸泡；小西红柿对半切开；黄瓜和芹菜茎斜切成片。

③ 柠檬皮切碎。

④ 将洋葱丝、小西红柿块、黄瓜片、芹菜片、熏三文鱼片加酱料拌好，撒上柠檬皮碎即可。

三文鱼黄瓜沙拉

制作时间 10 分钟　　难易度 ★★

主料

熏制三文鱼	250克
黄瓜	1段
洋葱、苹果	各1/4个
萝卜苗	适量

调料

蛋黄酱	2大匙
生抽、低聚糖、柠檬汁	各1大匙
辛辣芥末、白砂糖	各1小匙
胡椒粉	少许

做法

① 洋葱、苹果分别洗净，切丝；萝卜苗切段。

② 黄瓜纵向切薄片；三文鱼切片。

③ 黄瓜片平铺在案板上，取适量三文鱼片、苹果丝、洋葱丝、萝卜苗段放在黄瓜上，卷起。

④ 用竹签儿将其插好，摆盘，食用时蘸取混合好的调料即可。

鱿鱼仙贝沙拉

主料

虾仁	2个
鱿鱼须、鲜贝	各50克
芹菜	50克
洋葱、红甜椒	各25克

调料

酸辣酱	2大匙
盐、柠檬汁	各适量

做法

① 虾仁洗净，去虾线；鱿鱼须、鲜贝分别洗净。备好其他食材。

② 将虾仁、仙贝、鱿鱼须分别放入沸水中汆烫至熟。

③ 洋葱、芹菜、红甜椒分别洗净，切段。

④ 将虾仁、仙贝、鱿鱼须、洋葱、芹菜、红甜椒放入碗中，加入酸辣酱、盐、柠檬汁，搅拌均匀即成。

要点提示

· 汆烫鱿鱼须的时间不宜过长，1分钟即可，否则容易变老，影响口感。

豌豆鱿鱼沙拉

主料

鲜豌豆	40克
鱿鱼	100克
红甜椒	半个

调料

料酒	1小匙
胡椒粉、盐、生抽	各适量
法式芥末沙拉酱	2大匙

做法

① 鲜豌豆、鱿鱼、红甜椒分别洗净，备用。

② 彩椒切丁。

③ 鲜豌豆煮熟，捞出，沥干；鱿鱼切花刀小片，放入沸水锅中煮熟，捞出，过凉水，沥干。

④ 所有处理好的材料装入沙拉碗中，加入酱料拌匀，装碗即可。

153

乌冬面鱿鱼沙拉

制作时间 15分钟　　难易度 ★★

主料

净鱿鱼	1条
乌冬面	100克
生菜	5片

调料

酸辣酱	2大匙
蚝油、生抽	各2小匙
胡椒粉、盐、白芝麻	各适量

做法

① 生菜洗净，撕成片。

② 鱿鱼洗净，切条。

③ 将蚝油、生抽、胡椒粉、盐、1大匙酸辣酱混合均匀，制成酱汁，备用。

④ 油锅烧热，放入鱿鱼条翻炒。放入和调制好的酱料，煎熟，盛出备用。

⑤ 将乌冬面煮熟，捞出后沥干水分。

⑥ 乌冬面放入盛生菜的碗中，然后放入鱿鱼，淋上剩余的酸辣酱，撒白芝麻即可。

Tips

　　乌冬面是最具日本特色的面条之一，是将盐和水混入面粉中制作成的白色较粗（直径4毫米~6毫米）的面条。其口感偏软，介于切面和米粉之间。通过配合不同的佐料、汤料、调味料可以尝到各种不同的口味的乌冬面。

要点提示

· 鱿鱼要切成和鱿鱼须近似宽的条状，这样看起来更美观。

鲜虾芒果沙拉

制作时间
15 分钟

难易度
★★

主料

虾	12只（150克）
芒果	1只（400克）
菠菜嫩叶	50克
熟开心果仁	20克

调料

油醋汁	适量
盐	适量

做法

① 把虾去头，去壳，剔除泥肠，平放在砧板上，用小刀将虾的背部切开，切开的深度为虾身厚度的2/3。

② 取一只汤锅，加入水，大火煮沸后加入盐，待盐全部溶解后把虾放进锅里，等虾肉从半透明变成白色的时候，马上将其捞出来。

③ 将芒果切成1.5厘米见方的小丁。将菠菜嫩叶洗净后晾干或者甩干水分。

④ 取一只大盘子，将菠菜嫩叶铺在盘子底部，然后依次铺上芒果丁和虾，用刀将开心果仁切碎。将切碎的开心果仁撒在上面，再浇上油醋汁即可。

主料

大虾200克，鲜橙80克，茴香根50克，洋葱30克。

调料

黄柠檬1个，柠檬汁5毫升，橄榄油10毫升，香脂醋3毫升，盐、黑胡椒粉各适量。

做法

① 大虾洗净，去壳，去虾线，用水氽熟，过凉，备用。

② 鲜橙去皮。茴香根、洋葱洗净，切成条。柠檬切成小角。

③ 把准备好的原料放入容器中，除柠檬角外，将所有的调料搅拌均匀。

④ 装入盘中，最后用柠檬角点缀即可。

茴香根大虾沙拉

主料

明虾3只，猕猴桃1个，新鲜杂果适量。

调料

新鲜薄荷叶1枝，蛋黄酱30克，柠檬汁3毫升。

做法

① 把明虾去壳，去虾线，洗净，从背部切开，用开水氽熟，过凉，备用。

② 猕猴桃去皮，切成小角。猕猴桃、杂果和明虾一起放入蛋黄酱、柠檬汁搅拌均匀。

③ 放在容器中，用薄荷叶点缀即可。

要点提示

· 猕猴桃是一种非常适宜搭配肉类食材的水果，与虾的搭配尤为经典。

猕猴桃明虾沙拉

扫码看视频

蛋网鲜虾卷

制作时间 35分钟

难易度 ★★★

主料

鸡蛋	3个
面粉	50克
土豆	1个
鲜虾仁	10个
胡萝卜	50克
荷兰豆	50克
黄瓜	50克

调料

黑胡椒碎	2克
奶香沙拉酱	2小匙
炼乳	1大匙
盐	适量

Tips

这道菜具有亮丽的颜色，复合的口感，浓浓的奶香酱里裹着新鲜蔬菜清香，吃一口会觉得满满的幸福就在唇齿之间。

做法

① 鸡蛋打散。用细网筛入面粉，再用细纱过滤一遍，倒入一次性裱花袋内，只需剪一个小孔即可。

② 胡萝卜切成半指宽细条，用开水焯两三分钟即可。黄瓜条切成与胡萝卜同宽。荷兰豆切成细条，用开水焯2分钟，待颜色稍变成深绿即可。

③ 虾仁放入开水锅焯至变色即可捞出。熟的虾仁对半切开，顺便将边边角角修饰一下。

④ 将蒸熟的土豆晾凉装密封袋内，连拍带打将之碾成土豆泥即可。土豆泥内加入盐、奶香沙拉酱、炼乳和黑胡椒碎。

⑤ 不粘锅内放少许油但别有油滴。手持裱花袋沿锅内横竖挤压形成网格，加热10秒翻面即可出锅。

⑥ 取出的蛋网要用保鲜膜封好，保持湿度和软度。将蛋网平铺在菜板上，依次将土豆泥捏成长条状平铺在最下面，以便粘住上面的食材。最后将黄瓜、胡萝卜、荷兰豆、虾仁卷入蛋网即可。

土豆虾仁沙拉

制作时间 15分钟   难易度 ★★

主料

土豆	120克
虾仁	3只
罐头玉米粒	2大匙
黄瓜	半根

调料

料酒	1小匙
盐、胡椒粉	各适量
沙拉酱	1大匙

做法

① 虾仁加料酒、胡椒粉、盐腌渍片刻；土豆去皮，洗净；黄瓜洗净；备好其他食材。

② 将虾仁下锅煮熟，捞出沥干，备用；黄瓜切小丁。土豆切成小块，上锅蒸熟。

③ 将蒸熟的土豆捣成泥状。

④ 黄瓜丁、玉米粒、虾仁放入土豆泥中，加沙拉酱、盐，搅拌均匀，装碗即可。